SV

Margrit Baur
Geschichtenflucht

Suhrkamp Verlag

Erste Auflage 1988

Druck: Wilhelm Röck, Weinsberg
Printed in Germany

»Könnt Ihr *denn mit dem Weinen aufhören dadurch, daß Ihr etwas bedenkt?« fragte Alice.*
»Ja, so wird das gemacht«, sagte die Königin sehr entschieden. »Zwei Dinge auf einmal kann man ja nicht tun, oder?«

Lewis Carroll

I

Die Tür schließen wie gewöhnlich. Lärm ist nicht nötig, kein Rufzeichen, wozu.
Der Himmel sieht fremd aus. Oder nicht? Er hat schon lange nicht mehr hingeschaut. Man kann nicht an jedem Tag alles sehen. Eigentlich sieht er fast nichts. Gestern, doch, da waren diese Krähen, ein veritables Ehepaar. Wenn eine was aufpickte, kam die zweite hinzu, und wenn eine aufflog, tat es die andere auch. Hier vor dem Haus, auf dem verschneiten Rasen. Möglich, daß er sie nur bemerkt hat, um sich aufzuhalten; in Vaters Zimmer war bereits Licht.
Der Himmel, er hat doch den Himmel anschauen wollen. Dieses verdünnte Blau. Ein paar zerraufte Wattewölkchen drauf. Wo wäre das Besondere? Ein Himmel halt.
Nun hat er die Gartentür offengelassen, das ist gegen die Regel. Ein Zeichen, also doch? Er sollte zurückgehen und sie schließen.
– Etienne!
Bodmers offenes Garagentor hat er übersehen. Er ist zusammengezuckt, klar, hat wahrscheinlich sogar den Kopf eingezogen. Jedenfalls rennt er jetzt. Er hat nichts gehört, nein. Er will heute nicht hören, was so einer für wichtig hält.

Ihre Hand auf dem Tisch: schmal, bräunlich, reglos. Ein abgelegter Gegenstand wie die Zeitung. Er hat sie befestigen wollen, hat den Blick hinauf über den Arm zur Schulter gezwungen, zum Hals und mitten in ihr Gesicht, doch hat er, als er da ankam, die Hand schon verloren gehabt; wieder lag sie für sich, weit weg.
– Heißen Sie Daniel?
Ein Spiel, sie vertreibt sich damit die Zeit. Verrückt natürlich, keiner trägt seinen Namen im Gesicht. Er hat nur aus Verlegenheit mitgespielt.
– Der in der Löwengrube? Singen kann ich nicht.

– Das Singen war im Feuerofen. Glaube ich.
Und als wäre das, für ein Gespräch zwischen Unbekannten, noch nicht ausgefallen genug, hat sie ohne Übergang hinzugesetzt: Was heißt Kyrie.
– Herr.
– Ja, in der Kirche. Aber heute. Auf der Straße.

Seitenstechen, der Atem pfeift. Er rennt wie ein Anfänger, nicht locker genug. Zeit zu verschnaufen und über die sinnlose Schreckreaktion zu lachen. Ein starker Abgang, versteht sich, sähe anders aus.
Gut, daß das Trottoir links ist. Dieser Bodmer wäre imstand zu halten, um ihn mitfahren zu lassen. Die fressen einen auf vor Freundlichkeit. Haifische, sagt Lisa. Sie wäre nicht weggerannt. Ich rede nicht mit jedem, sagt sie, und dreht einem den Rücken zu. Oder sie schaut einfach. Sie schaut einen an, so gründlich, wie nur sie es kann, und wenn sie dann vor lauter Ernsthaftigkeit ein wenig schielt, sieht einer wie der Bodmer gleich woanders hin.
Er stopft sich den Schal unter die Jacke. Der Luftzug der bergwärts fahrenden Autos reißt ihm wie immer die Haare aus der Stirn, er haßt das. Eine dünne Schneeschicht ist auf der Straße festgefroren, es sieht fast wie Rauhreif aus. Kalt ist es, noch kälter als gestern. Gestern hat es geschneit.

Im Schnee soll er gelegen haben, unten im Garten, neben dem Garagentor. Hat er wegfahren wollen, oder woher ist er zurückgekehrt? Sie hat sich immer abends mit ihm getroffen und weiß von seinen Tagen nur, was er ihr erzählt. Erzählt *hat*, als er sich noch mitteilen wollte. Er sei nicht bei sich, habe die Schwester gesagt.
– Was die so reden. Weil er nicht bei uns ist, beschneiden sie ihn gleich auch noch um sich selbst. Ja, daß er uns nicht braucht jetzt, niemanden mehr, das kann man sehen. Doch warum soll er nicht bei sich sein. Er hat sich zurückgenommen, hat eingesammelt, was unterwegs war. Schwer muß er

sein, mit all dem Heimgeholten; aufrecht trüge sich das wohl nicht.

Er nimmt die Tasche in die andere Hand, die kalte steckt er in die Jacke. Er mag Handschuhe nicht, aber heute, wenn er welche bei sich hätte, würde er eine Ausnahme machen.
Es ist nur die Haut, die kalt wird, das muß man sich vor Augen halten. Das Blut friert nicht. Kann er sich hineindenken in die Wärme unter seiner Haut? Fleisch. Was auf dem verglasten Verkaufstisch der Metzgerei ausliegt. Aber das gerade nicht. Nicht ausgeblutet und nicht kalt. Und unzerteilt.
Er preßt sich die Hand auf den Bauch, der ist warm. Er spürt ihn durch das Taschenfutter, durch Pullover und Hose hindurch und wundert sich. Kein Zweifel, da geht es, und der Atem allein ist es nicht. Der Bauch geht, die Füße gehen nur mit: eine Vorstellung, die ihm gefällt. Dieser Lenz im Gebirg, der müßte dann auf dem Kopf gehen können, durchaus. Der Himmel unten, das Pflaster als Dach. Alles sähe neu aus, doch man würde sich gewöhnen. Man gewöhnt sich immer, und viel zu rasch.
Etwas sticht ihn, unter der Kälte, sticht sich hinauf ins Helle. Er zwingt sich, die Zähne voneinanderzunehmen, die Lippen auch. Mit einem angestrengten Atemzug saugt er die kalte Luft ein. Es wird Unannehmlichkeiten geben, klar; weiß er, hat er schon gestern gewußt. Er muß es eben durchstehen. Den Kopf einziehen, wie gehabt.

– Darf ich?
Die Zeitung lag auf dem Nebentisch, unbenützt. Sie steckte in einem Halter, gehörte dem Restaurant. Er hatte die Hand draufgelegt und auf ein Nicken gewartet, irgendeine Zustimmung. Nichts. Nochmals die Frage, etwas lauter diesmal.
Nun hat sie ihm das Gesicht zugedreht, ein ganz leeres Gesicht, erst langsam und mit offenbarer Anstrengung bezo-

gen. Er, die Zeitung schon in der Hand, blieb hinübergebeugt zu ihrem Tisch, ungeschickt, mit ausgestrecktem Arm, bis sie endlich ja sagte, ja natürlich, und er die Bewegung zuende brachte. Sie griff nach dem Glas, das sie vor sich stehen hatte, Rotwein, allem Anschein nach noch nicht angerührt, und sie trank auch jetzt nicht, sondern stellte das Glas, kaum daß sie es aufgehoben hatte, wieder ab.
Sie ist seinem Blick begegnet, hat gelächelt, etwas hochmütig und etwas verlegen, und hat sich weggewandt. Er auch. Er hat in der Zeitung den Wetterbericht gesucht.
– Neuerlich Schneefall. Kalt.
Das hat er laut gesagt, weshalb? Ein Bedürfnis nach Unterhaltung hat er nicht gehabt. Er redet selten mit Fremden, er ist schüchtern, und auch die Frau hat nicht danach ausgesehen, als sei sie auf Gespräche aus. Und nun gar über das Wetter. Daß sie drauf eingegangen ist, hat ihn erstaunt.
– Sie mögen den Winter?
Er hat nur ans Taxi gedacht. Glatteis, gleich zuerst, darauf könnte er verzichten. Im übrigen –
– Man wird ja nicht gefragt.
Ein idiotischer Satz, muß sich geradezu großväterlich angehört haben. Sie hat aber keine Miene verzogen, hat nicht einmal aufgeschaut.
– Im Winter stirbt man doch, jeden Winter.
Gleich hat sie den Kopf geschüttelt, mit einem angedeuteten Lachen. Was für ein Thema, schien das zu heißen; abgetan war es aber deshalb noch nicht.
– Die Kälte, die Verfinsterung jedesmal. Wie ein Gift. Schleicht sich ein bis in die hinterste Zelle und frißt Leben weg. Jeden Winter ein wenig mehr.

Sein Schatten rutscht ihm vor die Füße. Die Kurve. Ein Wagen nach dem andern, wo wollen die alle hin. Sein Kopf mit dem aufgestellten Haar sieht wie ein Vogelkopf aus.
Er ist stehengeblieben. Er dreht dem Luftzug und seinem Schatten den Rücken zu. Die Sonne, diese weiße Wintermor-

gensonne – war die, als er aus dem Haus trat, schon da? Hat die Gartentür, zum Beispiel, einen Schatten geworfen? Er erinnert sich nicht.
Er läßt die Schultern fallen, wechselt nochmals die Tasche von der einen Hand in die andere, dann hört er das Tram in der Wendeschleife quietschen und rennt. Ganz schön komisch muß er aussehen, wie er da angespurtet kommt, die Tasche weit von sich weggestreckt, damit sie ihm nicht gegen die Beine schlägt, und schon wieder keucht. Natürlich lacht keiner, lauter wohlerzogene Leute. Einer ist sogar aufgestanden und hält die Tür auf für ihn.

– Sie waren in Griechenland?
Darauf hat sie nicht geantwortet. Sie hat das Glas aufgenommen, und diesmal hat sie getrunken. Beiläufig, nicht genußvoll; womöglich haben nur ihre Finger davon gewußt. Doch daß jetzt ihre Hand vom Tisch war, für Augenblicke eine Hand wie andere Hände, hat ihn erleichtert, sehr.
– Und Sie?
– Zweimal. Auch auf den Inseln. Kyrie ist der Vokativ.
Das hätte er wohl besser nicht gesagt. Von Grammatik versteht er was, aber daß er damit angibt, ausgerechnet im Bahnhofsrestaurant – Es muß sie geärgert haben.
– Von den Inseln weiß ich nichts.
Uninteressiert, schon fast ungeduldig. Als hätten sie sich auf einen Gegenstand geeinigt, und er rede von einem andern. Er hat sich unbehaglich gefühlt und sich weggewünscht. Zu schwierig für mich, hat er gedacht.
– Wie heißen Sie wirklich?
– Etienne.
– Nach einem Großvater?
– Nach einem Ort in Frankreich.
Vater ist dort gewesen, er weiß nicht wann. Hat wohl ein Haus angezündet oder mit einem Fabrikmädchen geschlafen. Oder er hat ein Gedicht gemacht. Irgendwas Besonderes. Was einer wie er nur einmal tut.

Die Frau ist wieder weggetaucht, vielleicht hätte er woanders hinsehen sollen. Ihr Gesicht blieb stehen, ein wenig sogar in seine Richtung gewandt, doch dahinter, wie hinter einem Wandschirm, entfernte sie sich, und am Ende war nur noch der Wandschirm da. Er hat sie angestarrt, vielmehr diesen undurchdringlichen Rest, den sie dagelassen hatte, und ist sich bald so dumm vorgekommen, so überflüssig, daß er nun wirklich hat gehen wollen. Nur ist sie dann, als er bezahlt hatte, zurückgekehrt.

– Haben Sie gern Geschichten?

Sie hat nicht gelächelt, hat auch seine Antwort nicht abgewartet.

– Was studieren Sie?

– Bauingenieur.

– Etwas Männliches.

– Es gibt auch Frauen da.

– Sie mögen das? Ihr Fach?

Er hat bloß die Achseln gezuckt. Mag er es? Der Berufsberater hat es ausgesucht für ihn. Er hat keinen Berufswunsch gehabt, und so hat man die Tests entscheiden lassen. Wer kann sich schon leisten, auf Wünsche zu warten. Vater jedenfalls nicht.

– Keine Angst vor dem falschen Zug? Das Leben ist ziemlich lang.

Und nach einer erschreckten Pause: Das eigene, meine ich.

Sie schloß den Mund, daß die Zähne hörbar aufeinanderschlugen, und sah plötzlich so atemlos aus, daß er meinte, für sie mitatmen zu müssen. Sie hat sich aber erholt, hat wieder Farbe bekommen, hat getrunken.

– Er stirbt. Vielleicht jetzt.

Was wäre darauf zu sagen gewesen? Vor lauter Ratlosigkeit hat er nicht gewußt, wo hinsehen, und als sie dann, aus heiterem Himmel, mit ihrem Vorschlag gekommen ist, hat sie ihn noch ganz aus der Fassung gebracht.

Er hat sie mißverstanden zuerst. Sie hätte sagen können (er hat fast damit gerechnet): Ich könnte ja Ihre Mutter sein.

Eine andere hätte das gesagt bei seiner Verlegenheit, bestimmt, und er wäre nicht mitgegangen. Sie schien aber nicht im entferntesten daran zu denken, daß er es zweideutig auffassen könnte, wenn sie ihn so plötzlich in die Wohnung einlud.
Einen Augenblick hat er sich geärgert, hat gedacht, sie halte ihn nicht für erwachsen genug: weder was zu hoffen noch was zu fürchten von ihm. Eine widersprüchliche Aufwallung natürlich, und unbegründet dazu. Sie hatte ihr Frausein einfach vergessen, hatte die Frau in der andern Geschichte gelassen. Daß sie dort eine war, daran ließ sie keinen Zweifel, aber jetzt – Als habe sie nichts davon übrigbehalten. Nichts, was man ihr hätte nehmen, und schon gar nichts, was sie hätte hergeben können.

Daß die Schienen in der Kurve immer so kreischen, er versteht das nicht. Zum Glück hat wenigstens die Fahrerin eine sanfte Stimme, die muß neu sein auf dem Elfer, oder sie hat ihren besonderen Tag. Die Sechseläutenwiese auch. Hat er die schon in Weiß gesehen? Verrückt, so ein Schneefeld mitten in der Stadt. Sogar die bronzene Dicke ist heute weniger nackt; sieht aber mit dem beschneiten Bauch und dem Geglitzer auf dem Busen bei weitem frivoler aus als sonst.
Im Zweier wird er neue Gesichter sehen. Das heißt, wenn er nicht wieder vergißt, hinzuschauen. Viele werden ja ohnehin nicht unterwegs sein, weil Samstag ist. Wer fährt schon nach Altstetten, wenn er nicht muß.
Das Zimmer hat er nur bekommen, weil er Nichtraucher ist. Decke und Wände sind neu geweißt, die Vermieterin hat es betont. – Und die Freundin? – Raucht auch nicht, hat er gesagt. Als sei es eine ausgemachte Sache, daß Lisa ihn dort besuchen wird. Wird sie? Man kann es nicht wissen. In ihrem Alphabet gibt es keine berechenbaren Abfolgen, sie fängt an und hört auf, wo sie will.
Sie ist nie bei ihm zuhause gewesen. Er hat ihr Vaters lächelnde Herablassung, die ganze Wohlanständigkeit nicht

zumuten wollen. Sie hat ihn mit zu sich genommen, schon das erstemal, und gleich hat er gewußt, daß es ein Spiel nach ihren Regeln wird. An der offenen Küchentür vorbei sind sie in ihr Zimmer gegangen. Die Leute dort, *ihre* Leute, saßen beim Essen, sie hat ihnen kaum Guten Abend gesagt. Zuerst hat er geglaubt, sie schäme sich für ihre Familie vor ihm, später hat er den Verdacht umgedreht, doch ist das eine so falsch wie das andere gewesen, denn Lisa, soviel weiß er inzwischen, käme gar nicht auf die Idee, sich für einen andern zu schämen. Für sich selbst? Damit sie nicht in die Lage kommt, vermutlich, ist sie, wie sie ist.

Er hat Mühe, noch immer, sie sich an jenem Küchentisch zu denken. Sie hat ihm aufgezählt, wer alles dazugehört, dem Großvater sind sie einmal auf der Treppe begegnet, den würde er auf der Straße erkennen, doch. Die andern hat er zu flüchtig gesehen. Es sind auch nicht immer dieselben da, wenn er an der Küche vorbeigeht. Im Gegensatz zu Lisa schaut er immer hinein.

Sie paßt nicht zu denen, oder sie passen nicht zu ihr, während er – Seine Familie hat ihn passend gemacht. Wie Würmer haben sie sich hineingefressen in ihn, haben sich da häuslich niedergelassen, und er hat sie, seit er denken kann, in sich erkannt. Seiner Eltern Sohn. Verkürzt nur um ihre selbstsichere Entschiedenheit. Mangelnde Tatkraft, heißt das bei Vater. Keine Würmer in den Händen, sozusagen; die Hände gehören ihm.

Die Zwei ist tatsächlich halbleer. Ihm soll's recht sein, er haßt Gedränge. Auf die beschlagene Scheibe neben der Tür hat einer IDIOT geschrieben. Daß er da vorbeistrebt, ist lachhaft, ein kindischer Reflex. Zurück also, sich unter die Inschrift setzen. Es gibt Gescheitere als ihn, natürlich, und manchmal kränkt es ihn durchaus. Möglich, daß er einen Ingenieurverstand hat, doch das ist eigentlich keiner; wo alles aufgeht, sind Schlüsse leicht.

Helen heißt sie,
– etwas Lichtvolles, angeblich. Stefan hat sich die Mühe gemacht, in einem Namenbuch nachzusehen.
Helen und Stefan. Ein Mann im Spital, eine Frau an seinem Bett. Abend für Abend sitze sie dort und schaue ihm zu, beim Leben, sagt sie, diesem Leben ohne uns.
Er hat versucht, sich das vorzustellen: wie einer daliegt und atmet und keine Antwort gibt. Weit ist er damit nicht gekommen; er ist an der Frage hängengeblieben, ob einem im Koma noch der Bart wächst, und wenn ja, ob man ihn rasiert. Danach hat er sie nicht fragen können, versteht sich. Schon daß es ihm einfiel und sein Kopf darauf beharrte, war peinlich genug.
Dort am Bett habe sie sich erinnert. Vielleicht wegen seines hellen Gesichts. Oder weil er auch damals ohne Menschen ausgekommen sei. Zuerst nur ein Wort. Unversehens sei es aus ihrem Gedächtnis gesprungen.
– Blau, viel Blau.
Sie sagt es laut, dort im Spitalzimmer, sagt es über ihn hinweg zur Wand. Als die Stimme zurückkommt, ist es seine, sie hört ihn so deutlich, daß sie schlucken muß, und nun ist plötzlich alles da. Blau, und dahinter das andere. Nicht weit dahinter, kaum verwischt.
– Vergessen? Dazu ließ er mir keine Zeit.
Ein Abend letzten Frühling. Nichts Besonderes zuerst, außer daß sie im Büro nicht weggekommen sei. Sie habe angerufen am Nachmittag, um zu fragen, ob ihm halb acht zu spät sei. Es mache ihm nichts aus, habe er gesagt, aber vielleicht sei doch das Warten schuld gewesen. Oder das Wetter. Es habe den ganzen Tag geregnet, auch am Abend und in der Nacht habe es nicht aufgehört, nie. Dort bei ihm verbinde sich nämlich das Rieseln in den Traufen, das Klopfen auf dem Fensterbrett und das Rauschen im Laub des Spaliers zu einem Geräusch, das schwer zu überhören sei.
Er habe unvermittelt angefangen. Oder durch etwas vermittelt, sagt sie, das mir entgangen ist. Seine Worte weiß sie

nicht mehr, es sei zu überraschend gekommen, nur der für ihn ungewöhnliche Ausdruck *Verschwinden* sei ihr von jenem Anfang geblieben, *Ich wollte verschwinden:* in Stefans Mund habe sich das ausgenommen wie eine Ungehörigkeit. Ziemlich verständnislos, eigentlich nur, um überhaupt etwas zu sagen, habe sie gefragt: Aber weshalb.
Und jetzt überscharf. Stefan nimmt die Brille ab, sie erschrickt. Zum erstenmal sieht er aus wie ein alter Mann. Es seien aber nicht die Jahre gewesen, worüber sie erschrocken sei; daß er alt war, bald siebzig, habe sie ja gewußt. Der Schreck habe davon hergerührt, daß sein Gesicht ähnlich ausgesehen habe wie jetzt: als sei, was ihn in der Welt halte, nicht mehr der Rede wert. Dagegen habe sie sich empört,
– denn ich, ich wollte nicht so mir nichts, dir nichts losgelassen sein.
»Und du bist einfach gegangen«, sagt sie, oder sie ruft es, gegen dieses Gesicht. Stefan begreift nicht, natürlich, wie sollte er. Einfach? Nein, einfach sei es nicht gewesen. Zwar die Kinder erwachsen und aus dem Haus, das schon. Aber der Betrieb, die Frau. »Versuch einmal jemandem begreiflich zu machen, mit achtundvierzig, daß du ein Jahr lang nichts tun willst. Keine Memoiren, keine Weltreise, schlicht nichts.« Alle meinten, ein Recht auf Erklärungen zu haben, vor jedem Dummkopf müsse man sich rechtfertigen, und wenn man keine guten Gründe habe, dächten die andern sich welche aus.
»Mußte dich das kümmern?«
»Ich wollte wiederkommen.«
»Das Ingenieurgehalt? Das Bankkonto? Die Sicherheit?«
»Ja, durchaus. Und anderseits – oder vielleicht ist es dieselbe Seite. Ich habe vermutlich auch Angst gehabt. Daß ich nämlich tatsächlich wegbleiben könnte, wenn ich nicht jemanden auf mich warten ließ.«
Zu genau für ihn, dieser Satz in eigener Sache. Mit einer heftigen Bewegung setzt er die Brille auf und steht auf.
»Ich habe Fotos, von dort.«

»Erzähl sie zuerst.«
Vielleicht, daß er lächelt jetzt.
Hell und Dunkel, sagt Helen, konnten so rasch wechseln auf seinem Gesicht wie bei einem Kind. Jetzt, im Spital, sei nur noch das Helle da. Seien also die Schatten nur Schatten von außen gewesen, *ihr* Schatten? Habe er sich vielleicht weggenommen von allem, um endlich nicht mehr verdunkelt zu sein?
– Die pflichtschuldige Mühe, die sich die Medizin mit ihm macht. Dabei muß man ihn nur ansehen und weiß, daß ihn nichts mehr hält. Möglich, daß ihn die Apparate interessiert hätten, als Techniker, früher. Aber all das Zeug, das sie in ihn hineintropfen lassen – wozu? Er ist, wo er ist, und ich –
Wer sei sie denn, daß sie sich eine Einmischung herausnehmen könnte. Sie werde nicht gefragt, wüßte wohl auch nicht zu antworten, sie fürchte die Endgültigkeit. Sie bringe es noch nicht fertig, sich seine Hände kalt zu denken, und bilde sich ein, solange er atme, sei der Ort, wo er sich aufhalte, ihrer Vorstellung noch nicht ganz entzogen.
– Ein Sommer, dort? Das Bett ein Boot, der Himmel so ungetrübt wie sein Gesicht.
Er habe, von einem Tag auf den andern, keine Sprache mehr gehabt. Die eigene unbrauchbar, auch unpassend, die fremde viel zu fremd. *Deshalb* sei er auf das Fotografieren verfallen, ein wenig verrückt. Zwanzig, dreißig Bilder an manchen Tagen, aus dem Fenster oder draußen, oft während des Gehens.
»Die Bilder sind nichts wert, natürlich, aber sie sind die Geschichte. Eine andere ist nicht da.«
»Du bist auf den Fotos nicht drauf.«
Er läßt sich in einen Sessel fallen, dreht die Lampe von sich weg. Wo hat er sich gelassen? Den da im Halbdunkel kennt sie nicht. Er lacht.
»Ich war beurlaubt. Sagte ich doch.«

Seine Haltestelle. Ist sie das? Freihof, ausgerechnet; gestern hat er sich nichts dabei gedacht. Ist auch Blödsinn, ein Name eben, ganz Altstetten besteht für ihn nur aus Namen: Adressen, Fahrziele von andern bisher. Er kennt niemanden hier und nichts, bloß den Stadtplan. Wie die Fahrer von Athen – wo hat er das gelesen? Neun von zehn führen die Touristen zur Akropolis, ohne daß sie wüßten, was es damit auf sich habe. Vater würde sagen – Vater gehört nicht hieher.
Er ist der einzige, der ausgestiegen ist. Ein Punkt auf dem Stadtplan, er auch. Immerhin ein beweglicher Punkt; festwachsen will er hier nicht.
Ob der Schnee sich trotz der Sonne halten wird? Im Winter hat er noch nie ein Taxi gefahren, wenn er sich nur nicht blamiert. Daß es auch so kalt sein muß, gerade jetzt.

Stefan habe den Winter gern gehabt, vor allem den Schnee. Abends, wenn im Kamin das Feuer gebrannt habe, sei er ohne Licht am Fenster gesessen und habe auf seine verschneiten Bäume geschaut. Zwei-, dreimal habe sie ihn so getroffen letzten Winter.
– Von seinen andern Wintern hier, früheren, weiß ich nichts.
Er habe viel erzählt, doch. Geschichten, in denen man wenig erfahren habe von ihm, obwohl er darin vorgekommen sei, manchmal sogar als Hauptfigur.
– Er hat von sich geredet wie von einem andern: als wisse er nicht *mehr* über sich als über sonst jemand. Keine Innenansichten, nur Aufblicke. Er behielt sich für sich. Geiz? Kaum. Aber auch nicht Bescheidenheit. Er war sich durchaus ein Thema, glaube ich, nur war die Zunge nicht sein Ort.
Sie hat ihm gern zugehört, trotzdem. Seine Geschichten haben ihr Spaß gemacht, und das Reden, sagt sie, sei ja nicht die einzige Möglichkeit, um voneinander zu wissen.
Kann sein, daß sie sich zu sehr an die Geschichten gewöhnt hatte. Oder warum hätte das Neue jenes Abends sie so irritiert? Wie er da im Halbschatten saß, plötzlich wachsam

von Kopf bis Fuß, als ob er sich kein Wort mehr entschlüpfen lassen wollte, während gleichzeitig sein Gesicht, widersprüchlich genug, auf ihre Fragen zu warten schien. Aber hatte sie denn welche? Sie wußte ja gar nicht, wonach zu suchen war.

»Wie lebt man dort?«

»Laut. Für Lärmempfindliche ist es nichts.«

»So war es nicht ein Dorf?«

»Doch, eben. Keine Autos, nicht die Spur von Verkehrslärm, also nichts, was die Verständigung von Haus zu Haus behindert hätte.« Ob sie sich erinnere, wie es auf einem Schulhausplatz klinge, wenn Pause sei? So ungefähr habe es sich oft angehört. Nur vielfältiger, auch mit Bässen.

Helen hat gelacht. Er übertreibt, hat sie gedacht. Um nicht nichts zu sagen, sagt er zuviel.

Zu fast jeder Zeit habe man Leute in der Gasse getroffen, und irgendwo sei meistens ein besonders heftiger Disput in Gang gewesen, nicht immer gassenweit, doch in jedem Fall weithin hörbar, Geheimnisse kenne man dort nicht. Nur bei seinem Vorbeigehen seien die Gespräche verstummt, man habe auf seinen Gruß gewartet und ihm geantwortet, und erst in seinem Rücken habe sich die alte Lautstärke wieder hergestellt.

»Feindselig?«

»Bewahre. Sie sind berühmt für ihre Freundlichkeit.«

Er hatte sich im Sessel aufgerichtet während des Redens, doch nun ließ er sich, mit einer dieser ausfahrenden Handbewegungen, die alles mögliche bedeuten konnten, gegen die Lehne fallen.

»Siehst du, das war schon falsch.«

»Was?«

»Alles. Alles zum Teil.«

Hatte er es darauf angelegt, sie zu verblüffen? Auf Nuancen kam es ihm sonst nicht an. Wie sollte es weitergehen, wenn schon der Anfang so schwierig war. Oder wollte er schon gar nicht mehr weiter? Und sie selbst, wollte sie denn diese

besondere Geschichte, oder was immer es werden mochte, überhaupt haben? Müßte sie nicht sagen: Behalte sie?
Nein, sie habe es nicht gesagt. Zwar wisse sie nicht, woher sie mit einem Mal die Überzeugung genommen habe, daß er sie hergeben wollte, und vielleicht gerade ihr; aber sie habe sich im weiteren an diese Überzeugung gehalten, auch dann, wenn er zurückgewichen sei und es hätte aussehen können, als wolle er doch nicht.
»Es ist laut, die Gassen sind voller Leute, sie grüßen dich. Ist das falsch?«
»Außerdem sind die Esel mager, die Kirche hat eine blaue Tür, und als Postskriptum auf dem Kartenrand: Leider liegt das Klo auf dem Gang. Interessiert dich das?«
»Auch. Stimmt das mit der blauen Kirchentür?«
»Auch die Türen profaner Häuser sind oft blau.«
»Und was bedeutet es?«
»Heimat vielleicht. Himmel, Meer, Berge, das Kleid ihrer Gottesmutter – auf dem Bild neben der Königspforte oder oben in die Apsis gemalt –: alles blau.«
»Du bist in die Kirche gegangen?«
Auf der Reise habe er sich viele angeschaut. Die alten vor allem, sie seien wie Bilderbücher dort.

Der Gehweg zum Haus ist gesalzen. Bitte Schuhe reinigen, steht an der Tür. Er tut es, auf dem Gitterrost zuerst, dann drin auf dem Fußabstreifer. Die Treppe ist aus Holz, sie knarrt. Hat er den Schlüssel? In der Jacke nicht. Blödsinnig, diese kalten Finger, das Licht ist auch schlecht. Er wühlt in der Tasche herum, schon ein wenig nervös. Im Seitenfach, klar.
Die Koffer stehen, wie er sie hingestellt hat, unter dem Fenster, am Fußende des Betts. Eine der Schranktüren ist offen, das war sie gestern nicht. Vielleicht war auch das Packpapier, mit dem die Fächer ausgelegt sind, gestern noch nicht da.
Er zieht den Reißverschluß der Jacke auf. Den Stuhl hat er

noch nicht probiert. Als er am Tisch sitzt, sieht er den Teller mit Mandarinen und Gebäck. Es ist ihm unangenehm, er ist Mieter hier, nicht Gast. Aber die Tischlampe funktioniert. Vierzig Watt, na ja. Und das Plastiktuch spiegelt, das wird er wegnehmen müssen. Man klebt auch mit den Fingern dran fest.

Es dauert, bis es aus dem Warmwasserhahn warm kommt. Das Handtuch ist im Koffer. Mit noch feuchten Händen hebt er den ersten aufs Bett. Nach dem zweimaligen Klick der aufschnappenden Schlösser nimmt er die Stille wahr. Zwischen Bett und Schrank hängt eins der Dielenbretter durch; wenn er drauftritt, sackt es ab, springt dann mit einem trockenen Laut zurück.

Hinter dem zweiten Koffer ist ein dunkler Fleck. Der Schnee, den er gestern heraufgebracht hat. Oder die Zentralheizung tropft. Als er den Radiator anfaßt, verbrennt er sich die Finger. Er hängt die Jacke über die Stuhllehne, sieht sich nach einem Platz für die Bücher um. Der Tisch ist zu klein. Auf den Boden? Besser in den Schrank. Die Koffer, wenn er den kleinen in den größeren schließt, gehen unters Bett. Es soll nicht aussehen wie in einem Hotel.

Den Stadtplan wird er sich an die Wand heften, sobald er Reißnägel hat. Was braucht er noch? Zwei zusätzliche Kleiderhaken, vielleicht ein Büchergestell. Viel Platz ist dafür nicht da, sechzig Zentimeter, schätzt er, zwischen Türpfosten und Bett.

Er notiert sich noch einen Klappmeter auf dem Einkaufszettel, dann zieht er die Schuhe aus, legt sich hin. Angenehm warm ist es, wenigstens das. Etwas klopft unter dem Fenster; die Heizung, also doch. Und wieder der Stich. Weshalb? Das bißchen Zimmer wird er sich anwohnen, bestimmt. Und was das übrige angeht, die Leute, das Haus, das Quartier, so muß er nicht mehr damit zu tun haben, als er will.

Sie sitzt weit von ihm entfernt, in einem Sessel auf der andern Seite des Rauchtischs. Wenn sie nach der Kaffeetasse greifen wollte, müßte sie sich vorbeugen, doch sie denkt nicht an Kaffee.
– Bilder, schon wieder Bilder. Verstehen Sie das, Etienne? Bilder als Ersatz.
Plötzlich sei ihr der Verdacht gekommen, Stefan habe sich schon vor der Ankunft in jenem Dorf, und freiwillig, hinter die Sprache zurückfallen lassen. Oder ob Bilder nicht etwas Früheres seien? Etwas *vor* der Zeit, sozusagen. Sie meine jedenfalls, daß nicht einmal die in den Kirchen eine Geschichte ergäben für uns, wenn wir nicht den Text dazu kennten.
Möglich, daß sie auf einen Einwand gewartet hat. Aber das einzige, was ihm jetzt einfiel, war der Heilige Georg. Ein berühmtes Bild vermutlich, Vater hat es ihm in einem Buch gezeigt. Er hat den Mann gesehen auf dem wilden Pferd, das fremde Tier mit dem Feuer im Maul und das weiße Mädchen, hat sich alles gründlich angeschaut, weil Vater es ihm aufgetragen hatte, und als er mit dem Anschauen fertig war, hat er gefragt: Und dann?
Hätte Helen das hören wollen? Er hat es bezweifelt. Ein Müsterchen von Klein-Etienne, lächerlich. Vielleicht hätte es auch gar nicht gepaßt.
Sie hat sich Zeit gelassen mit dem Weiterreden, und um seine Ungeduld zu beschäftigen, oder warum sonst, hat er auf ihre Knie geschaut. Unter dem Kleid waren sie wie zusammengewachsen und ganz unbeweglich; eine fremde Sache, hat er gedacht, zu der man *Knie* nur aus Gewohnheit sagte oder aus Verlegenheit. Es hat aber nichts Erschreckendes gehabt, dieses Namenlose anstelle ihrer Knie zu sehen, genaugenommen war es sogar schön. Erschrocken ist er erst über ihre Stimme: leiser als bisher, aber so rauh, als ob sie sich an etwas riebe.
– Bilder. Nehmen Sie seins, das letzte, dort auf dem Bett. Ich versichere Ihnen, es erzählt nichts. *Ich* erzähle. Ich stelle

meine Geschichte, von der ich nicht einmal weiß, ob es die richtige ist, gegen die Unbegreiflichkeit dieses Bilds.

Lisa wird fragen: Wie sieht sie aus. Er hat dran gedacht, hat dort am Rauchtisch, als sie wieder wegging aus ihrem Gesicht, diese reglose Oberfläche, unter die sie getaucht war, für sich beschrieben. Die Suche nach Prädikaten für seinen Gegenstand hat ihn vom Gegenstand abgelenkt, klar. Ihn hat es erleichtert, und dem Gegenstand tat es nicht weh. Gesichtsform länglich, etwas zwischen U und V, oben abgeschlossen durch eine Waagrechte, gebildet durch die akkurat geschnittenen Ponyfransen. Haare hellbraun, kurz, die Ohren freilassend; von den Ponys abgesehen fast eine Männerfrisur. Die Nase sehr gerade und schmal. Augen braungrau oder graubraun, nicht besonders groß, das Weiße nicht ganz weiß. Die Floskel *sanft geschwungen* für den Mund hat er sich nicht durchgehen lassen, aber nun ist sie doch wieder das erste, was ihm einfällt; ein schöner Mund jedenfalls, die Lippen nicht zu voll und nicht zu dünn. Von den Zähnen hat er kaum etwas gesehen. Die Ohren? Offenbar nichts Auffälliges; zu den Ohren hat er sich nichts gemerkt. Die Haut nicht ganz klar, Falten um die Augen, eine überdeutliche Furche von den Nasenflügeln zum Mund. Ungeschminkt, auch die Lippen. Die Unklarheiten der Haut sind Verfärbungen, eine Spur dunkler getönte, nicht scharf umrissene Flekken. Insgesamt eher blaß. Kein Schmuck, nur eine Armbanduhr. Aber gut angezogen, Mutter würde wohl sagen: modisch dezent. Sicher würde sie nichts dagegen haben, mit Helen gesehen zu werden, und das heißt etwas. Schlank ist sie natürlich, von einer Schlankheit, zu der ihm zuerst das Wort *schmal* eingefallen ist. Er hat es dann aber verworfen, denn etwas Eckiges, Spitzes – er meint, daß das zum Schmalsein gehört – hat er an ihr nicht bemerkt. Auch nichts Nervöses übrigens, nichts Fahriges, obwohl sie allen Grund dazu hätte, und nicht nur Stefans wegen. Manche Tage im Geschäft seien ekelhaft, sagt sie.

– Sinnvoll? Du lieber Gott. Wenn's Spaß macht, ab und zu, ist das schon viel. Oft ist es nichts als Routine, und am Abend ist man erschöpft.
Stefan, wenn sie nach so einem Tag zu ihm gekommen sei, während der Musterung zum Beispiel, habe gesagt: Du siehst durchsichtig aus. Sie selbst würde eher *mies* gesagt haben, aber zu seinem Wortschatz habe das nicht gehört. Und da er ein für allemal entschlossen gewesen sei, sie für schön zu halten, habe er ohnehin alles, was den Entschluß hätte umstoßen können, ignoriert.
Was Musterung ist, weiß er nicht. Überhaupt kann er sich unter ihrem Beruf wenig vorstellen. Einkaufsassistentin, ein Euphemismus, hat sie gesagt. Komisch, daß jemand ihr etwas befehlen darf. Sollte nicht jeder einmal an den Punkt gelangen, wo er niemandem außer sich zu gehorchen hat? Wie soll man zu einem Ansehen kommen vor sich selbst, wenn man tun muß, was andere einen heißen? Wenn man seinen Tag an jene Aufgaben verschwendet, für die diese andern sich zu gut sind? Denn darauf läuft es doch hinaus. Einer nimmt sich das Recht, die mindere Arbeit von seinem Tisch abzuschieben auf einen minderen Tisch. Und an den minderen Tischen, versteht sich, sitzen die minderen Leute. Wer nicht befehlen will, muß gehorchen wollen, so einfach ist das.

Auch an jenem Maiabend spürt sie ihren langen Tag. Als Stefan wieder in Schweigen verfällt, ist sie vor lauter Müdigkeit drauf und dran, sich nun doch seine Fotos zeigen zu lassen. Er steht dann aber auf, plötzlich und mit einem überraschenden Lachen, und so wartet sie ab.
»Trinkst du ein Glas Wein mit mir?«
»Hast du denn einen? Ich denke, du trinkst nie.«
»Dort hab ich getrunken.«
Er ist schon draußen, sie hört ihn die Kellertür öffnen. Einen Augenblick ist sie so durcheinander, daß sie kaum noch von sich selber weiß. Was ist los, warum ist sie hier, was sucht

sie in dem fremden Haus? Sie horcht auf den Regen, sie fröstelt, sie wundert sich. In ihrer Verwirrung beginnt sie herumzugehen. Das Zimmer kennt sie, doch. Nichts ist verändert, nichts auffällig, nur das Klavier ist ausnahmsweise zu. Zu bedeuten hat das wohl nichts; die Putzfrau wird dagewesen sein, oder Stefan hat Besuch gehabt, für den es unbenützt aussehen sollte. Darüber nämlich, was andere etwas angeht, hat er seine eigene Vorstellung. Das Foto neben dem Notenstapel, groß und gerahmt, räumt er nie fort, danach dürfte man also wohl fragen. Sie hat es nie getan. Auch jetzt schaut sie nur flüchtig hin: eine Familie eben, in einer weit zurückliegenden Zeit. Stefan ist nicht der Stefan, den sie kennt, und die andern – irgendwer.
Er kommt zurück mit dem Wein, und daß er die Flasche so selbstverständlich beim Hals hält, gefällt ihr, immer schon hat sie die Körbchen gehaßt, sagt sie, diese Demonstration von Kennerschaft und Gediegenheit. Nur daß die Gläser, die er aus dem Eßzimmer holt, dann doch von den vornehmen sind, es macht ihr gleich Angst.
»Hast du keine gewöhnlichen? Bei mir geht alles kaputt.«
»Bis du mit dem Dutzend durch bist, bin ich nicht mehr da.«
Der Satz macht sie wütend und hilflos, vom Sterben hat er nie geredet bis jetzt. Und wie will er denn wissen, daß zuerst er dran ist, und nicht sie? Das fragt sie tatsächlich, bevor sie ihm den Rücken dreht und in seinen Noten zu blättern beginnt. Er öffnet inzwischen die Flasche und gießt ein, sie hört den Wein aus der Flasche glucksen, überdeutlich, vielleicht weil sie wartet. Auf einen Widerruf? Oder auf das Nachlassen der Wut.
»Ich bin für eine vernünftige Reihenfolge. Du nicht?«
Seine Stimme hat nichts von der Unbefangenheit eingebüßt. Er kommt mit den Gläsern zum Klavier, geradewegs und gelassen, als sei nicht eben noch etwas im Zimmer gewesen, sagt sie, das den Weg zwischen uns sehr viel länger gemacht hat als ein paar Schritte. Er will anstoßen jetzt, im Stehen.

»Wie hieß der Ort?«
»Nein, auf den nicht.«
»Du willst mir den Namen nicht sagen. Deinen auch nicht? Wie nannten sie dich?«
»Kein Mensch hatte Anlaß, mich zu nennen. Kyrie vielleicht, ein- oder zweimal. Dort ins Dorf hat es nicht gepaßt.«
»Auf dein Wohl, Kyrie.«
Fast hätte er sein Glas zurückgezogen, sagt sie, doch dann habe er nur den Kopf geschüttelt und einen Schluck getan, als spüle er das Wort damit weg. Sie habe es nie mehr gebraucht seither, aber dort am Klavier, trotz seines Widerstrebens, habe es sie besänftigt. Es sei ihr ein Name für das Fremde gewesen, ein vorläufiger, winziger Halt.

Warum steht er nun ohne Schuhe mitten im Zimmer? Die Miete ist bezahlt, und zu welchen Tages- und Nachtzeiten er sein Bett benützt, geht keinen was an.
Statt Herein zu sagen, öffnet er die Tür. Muß er sie hereinbitten? Sie will nicht stören, nein. Will ihm nur sagen, daß die Heizung repariert wird, Montag oder Dienstag. Das Tropfen sei neu, vielleicht habe der Maler etwas kaputt gemacht.
Sie ist schon wieder auf der Treppe, als ihm einfällt, daß er sich für die Süßigkeiten bedanken muß. Er ruft es ihr nach. Sie hält sich am Geländer fest, schaut zurück.
– Damit Sie nicht gleich Heimweh haben, hab ich gedacht.
Heimweh. Soll er nun lachen? Sie ist alt und freundlich, er will sie nicht kränken. Nochmals danke sagen also, vielen Dank; etwas Besseres fällt ihm nicht ein.

II

Zwanzig nach zwei. Eine Rekordzeit, so rasch war er mit der Physikübung noch nie durch.
Er heftet die Blätter ab, doch nun bleibt er wieder kleben. Ekelhaft, das Plastiktuch muß fort. Soll einer wissen, wofür die Klammern gedacht sind, das klebrige Ding hält doch von selbst, und wie. Regelrecht abschälen muß er es, abscheulich, eine knisternde Haut. Er streckt es weit von sich weg, um es zusammenzufalten, wirft es zuunterst in den Schrank.
Und jetzt? Die Tischplatte säubern. Naß, versteht sich, er will endlich einen anständigen Tisch. Das Handtuch kann er nicht nehmen, er hat nur zwei. Ein Taschentuch tut es auch.
Daß das Taschentuch draufgeht, nimmt er in Kauf. Aber daß der Tisch, je länger er ribbelt, um so unangenehmer riecht, geradezu stinkt, doch, richtig scheußlich nach Moder stinkt, versteht er nicht. Was soll er machen?
Aufhören und trocknen lassen, was sonst. Den Riegel vorschieben und sich wieder hinlegen. Nichts tun, schlicht nichts. Für die Hydraulik ist morgen noch Zeit. Länger als bis Mittag kann er ohnehin nicht schlafen, Nachttour hin oder her.
Ein Student, der Taxifahrer spielt. Schlecht spielt übrigens, und den Studenten spielt er vielleicht auch. Und jetzt den Untermieter, klar. Auf der Straße dann einen, der keine Angst hat, vor nichts und niemand, und im Laden, sofern sich einer finden läßt, den wohlerzogenen jungen Mann. Den wenigstens spielt er gut, gelernt ist gelernt.
Nein, zum Einkaufen geht er heute nicht, nicht hier. Vielleicht in der Stadt, bevor er Lisa trifft. Bevor er auf sie zu warten beginnt. Sie kommt immer zu spät, pünktlich zu spät sozusagen; er könnte sich das Warten ersparen, indem er sich an ihre Zeitverschiebung hält. Nur daß er eben das

Warten mag, diese halbe Stunde, wo er weiß: sie wird kommen, sie ist unterwegs, sie ist schon fast da. Nicht daß er dabei dauernd an sie dächte, bei Lisa geht das nicht. Wenn man sie zum Thema macht, versickert sie gleich, und was man gepackt hält, hat nicht die mindeste Lisa-Ähnlichkeit. Besser, man denkt an anderes. Da winkt sie dann manchmal durch ein Hinterfenster herein, und wenn man sie nicht zu halten versucht, bleibt sie ein bißchen da.
Kann sein, daß sie ungeduldig wird. Vater hat immer gesagt: Aber die Hauptsache, willst du nicht endlich die Hauptsache sagen? Früher. Er hat lange nichts mehr erzählt.
Vaters Hauptsachen. Als ob nicht jeder Atemzug, Minute um Minute eine Hauptsache wäre. Glanzpunkte sind nicht die Regel, und nur weil es sie gibt, ausnahmsweise, muß das Gewöhnliche noch lange nicht Abfall sein. Man ist doch vollständig und lebendig zu jeder Zeit. Auch jetzt zum Beispiel, sogar jetzt.

Manchmal, um sich von seinem Gesicht abzulenken, schaue sie seine Hände an. Anfassen? Nein. Einen, der sich nicht dagegen wehren könnte, meine sie, solle man nicht anfassen.
Er trage noch immer den Ehering. Dafür sei die Brille fort. Wenn es ihm einfallen sollte, die Augen zu öffnen, könnte er wohl nicht einmal die Klingel sehen. Wahrscheinlich rechne man nicht damit, oder man nehme an, daß es auf die paar halbblinden Minuten, bis jemand merke, daß er erwacht sei, nicht ankomme. Sie habe sich vorgenommen, die Schwester zu bitten, ihm die Brille in Griffweite zu legen, auch wenn sie hoffe, für ihn, daß er sie nicht mehr brauche. Denn das dort, alles, sei nicht zum Ansehen, das Leben bereits ausgesperrt, die Farben, genau wie die Stimmen, herabgedämpft auf den fatalen Ton, von dem man glaube, er sei die passende Begleitung zu dem, was dort vor sich gehe.
– Wäre nicht denkbar, Etienne, daß Menschen sterben, weil man ihnen vorzeitig die Fröhlichkeit entzieht?

Stefan nicht, nein, ihm könne man nichts mehr entziehen. Er habe sich in sich selbst gerettet und jeden Grenzverkehr abgeschafft. Ob geseufzt werde oder gesungen, ihm sei alles eins: er halte sein Lächeln fest. Gut für ihn, zweifellos, aber müsse sie es deshalb auch gut sein lassen für sich? Sie rette sich eben auch, suche sich die Sätze des Sommers zusammen, erzähle sich sein Erzählen, immer von vorn.

»Warst du wieder dort? Seither?«

»Was hätte ich zu suchen gehabt.«

Das war noch beim Klavier, nach dem mißglückten Trinkspruch. Stefan geht dann hinüber zum Tisch, wo er sich hinsetzt, mit dem Rücken zu ihr.

»Es gab dort nichts zu suchen von Anfang an. Ich wollte auch nichts finden. Ich war dort, weil man irgendwo sein muß. Oder weil man nicht überall sein kann.«

»Du hast dir den Ort nicht ausgesucht?«

»Doch, auf der Karte. Ein Name am Ende einer Straße. Ich hatte ihn nie gehört.«

»Da bist du also angekommen eines Tages, mit Kamera und Sack und Pack, und hast dich ans Verschwinden gemacht.«

»Die Kamera hatte ich noch nicht.«

Sie stößt sich vom Klavier ab. Die Dielen knarren, trotz des dicken Teppichs; es fällt ihr zum erstenmal auf. Sie setzt sich in einen Sessel auf derselben Tischseite wie er, stellt endlich das teure Glas ab, viel ist nicht mehr drin.

Er habe mitgehabt, sagt er, was man für das Notwendige halte, auch ein paar Bücher. Die hätten sich als das Entbehrlichste erwiesen. Zuerst habe er sie auf den Schrank gestellt, auch ab und zu eins zum Blättern in die Hand genommen, doch seien sie ihm bald unerträglich geworden, ihr bloßes Dastehen eine ständige Störung, er habe sie weggepackt. So viele Wörter, wozu. Er habe an denen von der Gasse herauf genug gehabt. Und wenn die auch ebensowenig ihn gemeint hätten, so seien sie doch dem Ort angemessen gewesen, und er mittendrin. »Ein Fremdkörper, ja. Eine Lücke im Lärm.

Aber daß da einer anders geraten war als sie selbst, hat die Leute nicht aus der Fassung gebracht. Stand es einem Fremden nicht zu, fremd zu sein? Sie konnten das verkraften.«
»Auch daß du nicht mit ihnen geredet hast?«
Er habe durchaus geredet. Zum Einkaufen sei er mit einer Liste gegangen, alles griechisch, herausgeschrieben aus dem Wörterbuch. Auch kleine Sätze habe er rasch gelernt: Wie geht's, es ist heute heiß. Sagen und fragen habe er mit der Zeit alles mögliche können, nur seien die Antworten ihm unverständlich geblieben. Ihr Griechisch habe sich nicht aus Wörtern zusammengesetzt wie seins, es sei ein einziger langer Atem gewesen, aus dem sich auch die bekannten Vokabeln nicht hätten heraushören lassen. Verstanden habe er nur die allerkürzesten Sätze, und oft nicht einmal die.
»Und es hat ihnen nichts ausgemacht?«
»Du lernst es, haben sie gesagt. Bis zuletzt.«
»Sie haben dich geduzt?«
»Nicht immer. Wenn sie besonders freundlich sein wollten vielleicht. Oder wenn ich ihnen besonders dumm erschien.«
Er lacht, und es hört sich so fröhlich an, daß sie ihm endlich wieder ins Gesicht sehen darf. Erhitzt sieht er aus, sie denkt: Der Wein. Er deutet mit dem Kinn auf die Flasche, und noch bevor er den Mund aufmacht, wird sie rot. »Der Rest ist für dich.«
Sie habe das nie an ihm begriffen. Manchmal habe er Gedanken gehört, noch nicht einmal zuende gedachte, und dafür andere Male, wenn sie geredet habe, sei er gewesen wie taub. Sein Eigensinn, wenn's drum gegangen sei, etwas draußen zu behalten, sei wohl buchstäblich ein eigener Sinn gewesen. Sie habe sich das Organ dafür wie eine Pupille gedacht, selbsttätig, nur sei ihr, was die Rolle des Lichts gespielt habe, verdeckt geblieben. Stefans Hören und Nichthören habe sich an Regeln gehalten, die nicht erlernbar gewesen seien für sie, und oft habe sie sich deshalb gekränkt.

Man bilde sich ja ein, noch die dürftigsten Sätzchen, die man auf den Weg schicke, müßten ankommen, und wenn sie sich dann als verloren herausstellten – womöglich kenne er das auch –, sei es immer ein kleiner Untergang.
Nach einem schnaubenden Ausatmen hat sie die Achseln gezuckt. Ungehalten? Über die Abschweifung vielleicht. Auf Antwort hat sie jedenfalls nicht gewartet, hat ihn ja eigentlich auch nichts gefragt. Sie war in Stefans Wohnzimmer, stellte dort ihre Fragen.
Ein Schrank also habe im Zimmer gestanden. Was noch?
Ein Bett, ein Klapptisch, drei Stühle. In der Küche ein zweiflammiges Rechaud. Die Wohnung sei neu gewesen, draufgebaut aufs bisherige Haus. Nicht im Hinblick auf Fremde allerdings, sondern für den Sohn, der habe zu der Zeit seinen Militärdienst gemacht. Es sei üblich dort, selber zu bauen, ohne Fachleute, und entsprechend habe es ausgesehen. Nicht gerade windschief, nur ziemlich improvisiert und nicht ganz fertig, das sei dort fast ein Prinzip. Man wolle sich Spielraum lassen, falls einem noch was einfalle, morgen oder in einem Jahr. Man habe ihm auch weniger die aktuellen Vorteile der Wohnung gepriesen als das, was irgendwann noch dazukommen sollte: ein Herd zum Feuern, eine Dusche, eine Klingel an der Haustür sogar. Sterngucker seien sie allesamt, im Träumen hole keiner sie ein. Nicht daß ihm das mißfallen hätte. Nur so gelassen wie sie habe er ihr Anderssein leider nicht hinnehmen können. Nie sei er das Gefühl ganz losgeworden, er müsse auf der Hut sein.
»Vor ihnen? Was hattest du zu fürchten.«
»Ansprüche vielleicht. Störungen. Ich wollte nicht gestört sein.«
»Wobei?«
Da habe er wieder die Hand durch die Luft fahren lassen.
»Ich sagte dir ja, es ergibt nichts.«
Daß sie ihm Stefans Handbewegung hat vorführen wollen, war natürlich ein Fehler. Es ist ihr so kläglich daneben geraten, daß es kläglicher gar nicht ging. Er hat gegen die Pein-

lichkeit angelacht, sie ist über und über rot geworden, und er hat schleunigst weggeschaut.

War es nach dieser Panne, daß er sich überlegt hat zu gehen? Irgendwann hat er es in Gedanken durchgespielt: wie er aufstehen und sich verabschieden könnte, ohne daß sie den Versuch machen würde, ihn zu halten. Sie war nicht die Frau, die ein Opfer suchte und sich hineinverbiß – auch wenn es im Bahnhof hätte so aussehen können. Sie würde ihn freundlich zur Tür gebracht haben, wahrscheinlich nicht einmal enttäuscht, zumindest ohne Enttäuschung zu zeigen. Er war ein x-Beliebiger, und er war mitgegangen, aber *mitgehen* hieß bei ihr nicht *verpflichtet sein*. Zu diesem Schluß ist er gekommen; die Probe aufs Exempel hat er allerdings nicht gemacht. Er ist dort gesessen wie festgenagelt und hat sich von ihr den Kopf vollreden lassen, als habe er eigens dafür die Nachmittagsvorlesungen geschwänzt. Dabei hatte er doch den neuen Schlüssel in der Tasche, eben erst durch die Vorauszahlung der Miete erworben, und wollte nachhause, um vor Vaters Heimkehr zu packen. Zuerst hat er noch dran gedacht, hat sich gesagt: später, doch dann hat er auch das Später vergessen. *Alles* hat er vergessen zuletzt: den Umzug, die befürchteten Schwierigkeiten, sogar Ernst, mit dem er in der Mensa verabredet war wegen des Jobs. Wahrscheinlich wäre er sitzen geblieben bis in die Nacht, wenn nicht Helen selbst am Ende aufgestanden wäre. Sie wollte ins Spital, wie jeden Abend; *sie* vergaß nichts.
Ob sie Stefan wohl unverändert gefunden hat? Wer weiß denn, wie lange sich so etwas hinziehen kann. Vielleicht nicht einmal der Arzt. Und an den wird Helen sich sowieso nicht wenden.
– Man gibt nicht jedem Auskunft, wissen Sie. Was sollte ich sagen, wenn er fragt, wer ich bin.

In jener Nacht fährt Stefan sie mit dem Wagen nachhause, es ist spät geworden, fast zwei. Es schüttet, noch immer, das

Straßenlicht verschwimmt mit dem Regen auf den Scheiben, Geriesel und Glanz und Schwärze, draußen wechselnde Umrisse, Teile einer Stadt. Die Hottingerstraße, sie weiß es, eine andere kann es nicht sein. Liegt es an ihrer Müdigkeit, daß sie sie nicht erkennt? Sie starrt hinaus in den Regen nach etwas Vertrautem, doch wie angestrengt sie auch starrt, es kommt kein Erkennen heraus.
»Zürich als Fremde. Ginge das nicht auch?«
Er gibt einen Laut von sich, belustigt oder verärgert, klar auszumachen ist es nicht. Dann kommt er jedoch darauf zurück.
»Wenn man allein ist vielleicht. Ich hatte Familie.«
»Ja, richtig. Da fehlt mir die Vorstellungskraft.«
Sie verwünscht sich gleich. Warum ist sie so empfindlich? Ihr Verletztsein ist unangebracht, auch kindisch; für Stefan muß es unbegreiflich sein. Als ihr dann aufgeht, daß er sie nicht gehört hat, ist es ihr zum erstenmal recht.
Ihm sei klar geworden damals, daß er noch nie ohne Verpflichtungen gewesen sei. Da genüge es nicht, einfach die Hände aufzumachen und zu hoffen, sie sprängen von selbst hinaus. Die Gewohnheit habe sie festwachsen lassen, und um sie wirksam zu amputieren, habe es nur ein Mittel gegeben: Flucht.
»Auf Widerruf? Du wolltest ja wiederkommen.«
»Wollte ich, ja. Oder hatte es mir auferlegt.«
Darauf habe sie in ihrer Schläfrigkeit nichts mehr zu sagen gewußt. Sie sei wohl ein wenig eingedöst, doch als er dann angehalten habe, neben der geparkten Autoreihe vor ihrer Haustür, habe sie sofort die Gurte aufgeklickt. Ob ihr der Donnerstag recht sei. Nein, Donnerstag nicht, sie habe Parteisitzung. An diese Kleinigkeit erinnere sie sich, weil zu den Merkwürdigkeiten des Abends noch eine hinzugekommen sei. Er habe nämlich, statt einfach einen andern Tag vorzuschlagen, auf ihre Begründung reagiert.
»Läßt du dich aufstellen? Oder haben sie jemand Besseren?«

Vor lauter Verblüffung habe sie bloß gelacht. Er habe jedoch auf einer Antwort bestanden, und als sie bereits an der Haustür gewesen sei, habe er noch die Scheibe herabgedreht.
»Einmal mußt du mir sagen, was du dort suchst.«
Dann sei er aber, bevor sie auch nur Zeit gehabt hätte, sich umzudrehen, davongefahren. Nein, nachgeschaut habe sie ihm nie.

Das hat noch gefehlt, ein Weberknecht. Spaziert mit wippenden Beinen auf dem Plafond und läßt seinen Knopfleib schaukeln. Ein Untermieter, noch einer, und hat vielleicht ältere Rechte als er. Möglich immerhin, daß er die Anstreicherei überlebt hat, in einer Dielenspalte oder unterm Schrank. Sind wohl zäh, diese Dinger, man müßte wissen, wovon sie leben. Für das Lexikon hat er im Koffer keinen Platz mehr gehabt, das wird er sich noch holen müssen, bei Gelegenheit. Und den Rekorder, den vermißt er auch. Nur wird er hier Kopfhörer brauchen, die muß er erst kaufen. Später. Er darf sich nicht gleich übernehmen mit dem Geld. Kann ja ab und zu Radio hören, im Taxi, das ist besser als nichts.
Weg. Daß der so spurlos verschwinden konnte mit den langen Beinen. Er hätte ihn lieber an der Decke gewußt als irgendwo. Hoffentlich rennt er ihm nicht übers Gesicht.
Eine Tür, jemand ist im Treppenhaus. Ob die Vermieterin so energisch den Schlüssel dreht? So hat er sie nicht eingeschätzt. Und würde sie an der Klinke rütteln zur Probe, ob wirklich geschlossen ist? Nun hat sie den Schlüsselbund fallen lassen. Das Gebrumm, mit dem das Klirren quittiert wird, spricht eher für einen Mann. Die Schritte auch. Wer immer es sein mag: er steigt die Treppe nicht herauf, sondern hinab. Das Krachen der Stufen entfernt sich, und kaum ist es verstummt, fällt die Haustür ins Schloß. Unglaublich, dieses Haus, die perfekte Hörspielkulisse. Wenn sein Fenster zur Straße ginge, würde er nun aufstehen und wie eine alte

Jungfer durch die Gardinen spähen. Wäre nicht gut zu wissen, wer hier wohnt und mit wem er zu rechnen hat? Er würde sich sicherer fühlen, vielleicht.

Helen fährt zusammen, wenn die Schwester ins Zimmer kommt, und während sie sich um Stefans Apparate kümmert, stellt sie sich ans Fenster, mit dem Rücken zu ihr. Sie sei nur geduldet, sagt sie, der Platz an Stefans Bett stehe ihr nicht zu. Sie wage auch nur, ihn einzunehmen, weil kein anderer darauf Anspruch erhebe. Wenn seine Angehörigen kämen, der Sohn, die Enkel, seine Schwester, müßte sie gehen. Oder wie sollte sie ihre Anwesenheit erklären? Mit so viel Interesse an einem, der stumm sei, mache man sich verdächtig. Wer ist die, was sucht die hier, was hat Vater mit der zu tun gehabt? Diesen Fall habe Stefan nicht vorgesehen.
Sie auch nicht, und was hätte sie denn vorkehren können. Genau wie er sei sie der Meinung gewesen, kein Mensch brauche von ihnen zu wissen, es gehe nur sie zwei etwas an. Doch nun würde sie nicht einmal Nachricht von ihm haben, wüßte sich keine Erklärung für das plötzlich verschlossene Haus, wenn nicht die Putzfrau –
Ein Zufall. Weil sie im Geschäft wieder nicht pünktlich wegkommt, ruft sie bei ihm an.
»Der Herr Direktor ist nicht da.«
Helen ist sprachlos, sie kann nicht glauben, daß Stefan sich von jemand so anreden läßt. Hat die Frau sich das ausgedacht als Effekt fürs Telefon? Herr Direktor, du lieber Gott. Sie unterdrückt ein Lachen, vielleicht nicht genug, die Stimme der Frau wird scharf.
»Wer spricht denn überhaupt?«
Helen sagt ihren Namen, den richtigen, weil sie sicher ist, daß niemand in seiner Umgebung ihn kennt. Für das Weitere borgt sie sich den Tonfall ihres Chefs, auch den Wortschatz vermutlich: dringende Verabredung, unaufschiebbar, was man so sagt. Die Frau lenkt gleich ein, und dafür, sagt

Helen, schämt sie sich. Woher weiß sie, wie man eine Putzfrau einschüchtert, und wenn sie es weiß, warum wendet sie es an? Eine Notlage natürlich, von heute aus betrachtet; doch sie hat es erst nachher gewußt, als die Frau dann geredet hat. Sie selbst habe ihn gefunden, vorgestern im Schnee. Das Krankenauto sei rasch dagewesen, gottseidank, sie habe ihn ja allein nicht ins Haus schaffen können. Auch die Kinder habe sie benachrichtigt, sofort. Die Tochter sei noch am selben Abend gekommen, der Sohn am nächsten Tag. Sie seien aber wieder abgereist, weil der Herr Direktor – Er sei unansprechbar, er hätte von ihrem Bleiben nichts gehabt.
Die Putzfrau weint. Und Helen, als sie endlich durch ist mit ihrer Arbeit, fährt statt zu seinem Haus ins Spital.
Jeden Abend seither. Ohne Salvagnin, ohne Geschichten. Seine Gegenwart, wenn er noch eine hat, gehört ausschließlich ihm. Sie kann sich nur an sein Gesicht halten, obwohl sie es manchmal fast nicht erträgt, weil seine Heiterkeit, oder was sie dafür hält, sie verletzt.
– Wir haben uns Zeit genommen für sein griechisches Jahr. Den ganzen Sommer. Es hat zu unsern Abenden dazugehört. Nur mußte immer *ich* anfangen, er wartete darauf.
Kann sein, es sieht nur so aus, als überlasse er die Stichworte ihr. Vielleicht lotst er sie hin, wo die Fragen sind, die sie stellen darf, unmerklich und ohne es selber zu wissen, einfach mit seiner Wachsamkeit. Helen traut es ihm zu, und sie hat nichts dagegen. Ist nicht eine Frage so gut wie die andere, solange man nichts weiß? Sie plant nie voraus, was sie fragen will, sie läßt sich treiben. Manchmal dann allerdings doch zu weit.
– Im *Solitude* zum Beispiel. Waren Sie da schon?
Da fährt Stefan sie hin eines Abends, gleich nach dem Büro. Sie hat Hunger, sehr, sie ist den ganzen Tag nicht zum Essen gekommen, aber als sie die Karte studiert, ist sie empört.
»Das nächstemal gehen wir zum Würstchenstand.«
Ein Blick des Kellners, sie wird rot und ärgert sich, weniger

über ihn als über sich. Ja, und dann ißt sie diese teuren Dinger von Kalbsmedaillons doch mit einer Begeisterung, die sie sich eigentlich übelnehmen sollte.
»Bei den Preisen darf es ja gut sein.«
Stefan sagt es, nicht sie, er nimmt es ihr ab, obwohl es sich seltsam genug ausnimmt in seinem Mund, ruft es beinahe, der Kellner dreht sich nervös nach ihm um. Sie schluckt und verschluckt sich, hustet, wischt sich die Tränen ab, und dann müssen beide so lachen, daß man rundum auf sie aufmerksam wird. Rot wird sie aber nicht mehr, oder höchstens vom Lachen. Stefan, mit dem hochmütigsten Gesicht der Welt, bestellt den Kaffee. Der Kellner bringt ihn sofort, er spielt den Beflissenen jetzt, und zwar so gekonnt ironisch, daß sie ihn schon fast mag. Stefan lächelt vor sich hin, abwesend; den Kellner meint er jedenfalls nicht.
»Hast du Briefe bekommen dort?«
Sie weiß selbst nicht, wie sie auf die Frage kommt. Stefan schüttelt überrascht den Kopf.
»Deine Frau hat dir nicht geschrieben?«
»Keine Briefe, das war ausgemacht.«
»Ein ganzes Jahr? Und du hast nicht Angst gehabt, sie zu verlieren?«
»Nein.«
Seine Hand mit der Tasse bleibt in der Luft stehen. Er hebt die Schultern, wie in Zeitlupe, läßt sie wieder fallen.
»Oder du hast es gehofft.«
Es klirrt, als er die Tasse absetzt. Er ist so entgeistert, als habe sie ihn ins Gesicht geschlagen. Man geht auf ihn zu, sagt sie, und plötzlich war es ein Schritt zuviel: so nah will er einen nicht. Die Entmutigung sei ihr wohl anzusehen gewesen, auf dem Weg zum Auto habe er sie, ganz gegen seine Gewohnheit, untergefaßt. Und später, nach einer wortlosen Fahrt, schon fast bei seinem Haus, habe er gesagt: »Du nimmst es mit mir zu genau.« Sie sei hineingegangen mit ihm, der Wein habe schon auf dem Tisch gestanden, immer dieselbe Marke, und weil sie doch wieder einen Anfang habe

finden müssen, irgendeinen ersten Satz, um aus dem Schweigen herauszukommen, habe sie schon unter der Tür gesagt, lächerlich genug: »Salvagnin gab's dort nicht.«

»Rotwein aber doch.«

Die Selbstverständlichkeit, mit der er den hilflosen Eröffnungszug annimmt, frappiert sie. Warum überläßt er das Befangensein ihr? Er entkorkt die Flasche und plaudert. Genau, denkt sie, plaudern ist das Wort.

Der Retsina habe ihm nicht gut getan, er habe nur Roten getrunken. Er sei dort ziemlich süß, die Bauern, habe er sich sagen lassen, zuckerten ihn sogar. Ihm jedenfalls habe er geschmeckt, und am Anfang, als er noch Schwierigkeiten gehabt habe mit dem Magen, der Klimawechsel vermutlich, habe er sich fast ausschließlich davon ernährt.

»Du bist in die Kneipe gegangen?«

Er nickt ihr über das Glas hinweg zu (seit jenem ersten Mal stoßen sie nicht mehr an), und als sie getrunken und die Gläser abgestellt haben, geht er auf die Frage, die sie für sich schon gestrichen hat, doch noch ein.

Das Kafeníon dort sei ein winziges Zimmer gewesen, die Männer drin dicht beieinander, meistens alle Stühle besetzt. Es habe ihm immer den Eindruck einer geschlossenen Gesellschaft gemacht, so habe er sich damit begnügt, durch die Tür zu sehen. Dafür sei er hin und wieder in die Taverne gegangen, da habe es Platz genug gegeben, ein paar Tische seien auch im Freien gestanden, unter einer Markise, und man habe zu essen gekriegt während des ganzen Tags. Zu trinken natürlich auch, aber getrunken habe er lieber zuhause, er habe sich den Wein im Laden gekauft. »Oder um genau zu sein: in zwei Läden. Einen gab es in meiner Gasse, der zweite war am andern Ende des Dorfs.«

Helen fragt sich, was die zwei Läden zur Sache tun. Warum ist er genau, wenn es nicht darauf ankommt. Oder hat er vielleicht so viel Wein gebraucht, daß er sich geniert hat? Ein Trinker, der nicht wollte, daß man davon weiß?

Es habe ihm nicht behagt, daß man ihm über seine Einkäufe

ins Leben schaue, und wegen der zwei Läden sei es ihm halbwegs gelungen, sich der Kontrolle zu entziehen. Halbwegs meine in dem Fall: den Speisezettel betreffend. Alles übrige nämlich sei nur an einem einzigen Ort käuflich gewesen, in seiner Gasse eben, und da er die Küche leer gefunden habe bei seinem Einzug, kein Löffel, kein Lappen, buchstäblich nichts, habe er sich alles selbst kaufen müssen und leider dabei nicht verhindern können, daß die Krämerin in seinem Haushalt fast besser Bescheid gewußt habe als er. Sie habe seinen Besen, seine Töpfe, seine Tassen und Teller gekannt, und wenn er etwas zerbrochen habe und gekommen sei, um es zu ersetzen, habe ihr Blick aus seinem Einkauf im Handumdrehen ein Schuldbekenntnis gemacht. Sie habe übrigens nicht nur über seinen Verschleiß, sie habe auch über sein Geld gewacht. Schon im voraus wahrscheinlich habe sie seinen Vermietern all die Sachen, die er dalassen würde, mißgönnt und ihm das Beste immer zuletzt und mit dem stereotypen Satz vorgelegt: Das ist aber viel zu teuer. Wenn seine Wahl dann trotzdem darauf gefallen sei, habe sie deutlich ihre Mißbilligung gezeigt.

Zwar lacht er jetzt, und Helen lacht mit, aber sie ist fast sicher, daß er nicht zufällig auf die Krämerin gekommen ist. Glaubt er sie mit einem alten Beleg für sein Abgrenzungsbedürfnis zu trösten? Oder er weist sie zurecht. So war ich, so bin ich, du kannst mich nicht ändern. Aber versucht sie es denn? Sie weiß von seiner Animosität gegen Übergriffe, seit sie ihn kennt. Nur daß sie sich manchmal hinreißen läßt zu hoffen, es gelte nicht für sie, oder etwas weniger. Dann stolpert sie in die verbotene Zone hinein, stellt unzulässige Fragen.

– Er brauchte so viel unbetretenen Raum um sich. Ein anderer als er wäre verlorengegangen darin.

Doch, ab und zu sei man eingelassen worden. Aber man habe des Drinseins nie gewiß sein dürfen, es sei nur ein provisorisches gewesen, ein Drinsein auf Zeit. Vermutlich sei ihm selbst gar nicht bewußt geworden, wie abrupt er

einen abschieben konnte; und wie man sich fühlen mußte, so jäh vor die Tür gesetzt.
– Jetzt auch. Als habe er entschieden, sogar Sterben gehe nur ihn etwas an. Nimmt seinen Abschied hinter verschlossenen Türen, ohne Zeugen und ohne Beistand. Sieht es nicht wie Hochmut aus? Und mit diesem Gesicht.

Schon wieder eine Wohnungstür. Und das Knarren der Treppe. Man kann keinen Schritt machen hier, ohne daß jeder es hört. Der Neue ist spät heimgekehrt, der Neue hat Besuch gekriegt: das ganze Haus wird es wissen, interessiert oder nicht.
Und noch eine Tür, das wird die zur Toilette sein. Die untere, auf dem ersten Zwischenstock. Na bitte, das hört man also auch. Hoffentlich sperren alle ab. Wenn er ihnen schon in die Hände laufen soll, dann lieber nicht auf dem Klo.
Komisch, daß die Treppe so viel Lärm macht. Die zuhause war auch aus Holz, und doch ist er, wenn er's drauf anlegte, geräuschlos in sein Zimmer gelangt. Hat ihm zwar auch nichts genützt, wenn Vater sich in den Kopf gesetzt hatte, etwas von ihm zu wollen.
Überrumpelt werden kann man hier nicht.
Aber den Baum vor seinem Fenster, den hat er gemocht. Ein rotblättriger Ahorn. Am Abend, mit der Sonne im Rücken, hat er geglüht. Er kann schon verstehen, daß Stefan von Bäumen gesprochen hat.

– Ein Gespräch über Bäume, während die Welt brennt. Wissen *Sie*, wo das steht? Der Satz war plötzlich in meinem Kopf, keine Ahnung woher. Absurd, nicht? Als brennten sie nicht schon lange mit.
So schmal habe eine Gasse in seinem Dorf gar nicht sein können, daß sich nicht irgendwo noch Platz gefunden habe für einen Baum. Zwei habe er direkt vor seinem Balkon gehabt, auf der andern Gassenseite, dünnstämmig, etwas gedrungen, aber mit fein gefiederten Blättern; sie hätten

durchaus in einen hiesigen Garten gepaßt. Dann die Ölbäume, draußen vor dem Dorf. Da sehe ja keiner wie der andere aus, jeder habe seine Individualität und Besonderheit, so daß sie einem nie langweilig würden, so viele es auch seien. Und noch weiter draußen dann, über die Hügel verstreut, einzeln oder in Gruppen, kleine Wälder sogar, die Pinien, Weißpappeln, Kiefern und Fichten, auch eine Kastanie habe sich gefunden, und an den Rändern der Macchia Steineichen und wilde Feigen.
»Und das hier? Hattest du alles vergessen?«
»Vergessen nicht. Zum Vergessen war es nicht wichtig genug.«
Er schließt die Türen zur Terrasse, zieht die Vorhänge zu und macht Licht. Beim Büchergestell streift er im Vorbeigehen mit dem Handrücken über eine Buchreihe, das tut er oft. Helen kaut inzwischen an seiner Antwort. Wäre sie nun lieber wichtig, oder würde sie lieber nicht vergessen sein? Eine dumme Gans ist sie. Als ob alles, was er sagt, auch auf sie passen müßte. Er redet von damals, und er redet von Sachen. Und weil er sich nun wieder hinsetzt und ihr den Blick aufs Klavier freigibt, zeigt sie mit einer Kopfbewegung hinüber.
»Nicht einmal das?«
»Es hat meiner Frau gehört.«
»Du willst sagen –«
»Ich spiele erst jetzt. Es war verwaist, verstehst du. Der Schorsch hätte es bekommen sollen, doch der hat dann schon eins gehabt.«
Sie glaubt nicht an den späten Anfänger, sie hat doch die Noten gesehen. Schwindelt er? Er lacht vor sich hin.
»Großvater war ich damals noch nicht.«
Mit einer kleinen Verzögerung und ein wenig verwirrt macht sie seinen Gedankensprung mit.
»Hätte es etwas ausgemacht?«
Alle in seinem Alter seien Großväter gewesen, sein Hauswirt auch. Von vier Kindern habe er drei verheiratet gehabt.

Über eine Braut für den Jüngsten, den beim Militär, habe er noch verhandelt, aus guter Position übrigens, wegen der Wohnung; die gehöre sonst, dort auf dem Land, in die Mitgift der Frau. »Weißt du, wie viele Enkel der hatte? Sieben, mit achtundvierzig. Es war nichts Besonderes dort.«
»Die verheiraten ihre Kinder?«
»An den Meistbietenden, ja. Hauptsache ist das Auskommen, und dann wieder Kinder. Alles dreht sich um sie. Wie viele, wie alt, was arbeiten sie, sind sie brav?« Wenn er keine gehabt hätte, hätte er welche erfinden müssen für sie. Es sei das mindeste, was sie an Ähnlichkeit von einem Fremden verlangten.
Und das habe er verstanden?
Weil es die Fragen gewesen seien, die er selbst gestellt habe, deshalb. Er habe schnell herausgehabt, daß es das einfachste sei, nach den Kindern zu fragen. Da sei sein Nichtverstehen nicht aufgefallen, es habe genügt zu nicken und ab und zu *gewiß* zu sagen. Die Fragen habe er sich aufgeschrieben und auswendig gelernt. Auch für seine Antworten zu den eigenen Kindern habe er ein paar Sätze vorbereitet und sie im Bedarfsfall hergesagt.
»Drei-, vierhundert Einwohner, mehr nicht. Ein Flüchtlingsdorf, weißt du. Die Leute meines Alters noch in Kleinasien geboren, und alles Gebaute jünger als ich.«
Das sei im Auto gewesen, immer habe er sie ja irgendwo hingefahren. Sie sei sehr erschrocken, weil er nun die Augen geschlossen habe: als sei ihm die Autobahn oder das schweizerische Mittelland beim Erinnern im Weg. Nur Sekunden natürlich; zum Luftholen habe es gereicht, für den Schrei schon nicht mehr.
Ein Dorf wie viele andere dort. Meistens einstöckige, ziegelgedeckte Häuser, mehr oder weniger weiß. Auch mal ein lachsrotes drunter, eins in Hellgrün oder Gelb. In kräftigen Farben jedoch bei allen die Türen und Fensterläden, grün vor allem, oder eben blau. An die Häuser anstoßend – davor, dahinter oder zwischen zweien eingeklemmt – kleine

Höfe und Vorplätze, manchmal ummauert, oft nicht einmal umzäunt. Überall Bretter- und Wellblechverschläge, freistehende Klohäuschen, auch Koch- und Waschplätze vielfach im Freien, und jede Menge Unrat, hingeworfen oder gestapelt: aufgeweichte Kartons, Holzabfälle, Ziegel, Flaschen. Wirklich häßlich aber nur das Drähtegewirr. Die Stromversorgung sei neu gewesen, grad erst ein paar Monate alt, und natürlich hätten die Dorfbewohner nichts dagegen gehabt, daß man ihren Fortschritt auch habe *sehen* können. Ihm auf seinem Balkon, sozusagen über den Dächern, hätten die Drähte die Aussicht vergittert, nirgends habe er hinsehen können, ohne mit dem Blick in ihnen hängenzubleiben, und er habe sie verwünscht. Zwar wenn er durchs Dorf gegangen sei, habe er sie vergessen, notgedrungen gewissermaßen: die Gassen seien unasphaltiert gewesen, holprig und staubig, und da die Frauen ihr Scheuerwasser vor den Türen ausgeschüttet hätten, sei immer irgendwo ein schmutziges Rinnsal geflossen, so habe man besser getan, vor die Füße als in den Himmel zu schauen.
»Und du hast dort alle gekannt?«
»Nein, aber sie mich.«
Abgesehen von seinem Vermieterpaar, dem Bäcker, der Krämerin und zwei oder drei andern, die er öfter getroffen habe, sei es ihm nicht gelungen, sich jemanden zu merken. Wie mit Chinesen sei es ihm ergangen: unfähig, ihre Gesichter auseinanderzuhalten, habe er nie gewußt, ob er einen zum erstenmal sehe oder ihm schon früher begegnet sei. Er begreife es selbst nicht, und immer weniger, denn bestimmt hätten sie sich nicht sehr ähnlich gesehen.
»Schlimm«, sagt er, und Helen muß lachen; die Zerknirschung glaubt sie ihm nicht. Er hält auch nicht daran fest.
Hübsch habe er immer die Blumen gefunden, lange Reihen von farbigen Töpfen vor fast jedem Haus. Gärten gebe es dort nicht, der Boden platze im Sommer auf vor Trockenheit, und so habe man sich den Garten in die Töpfe geholt. Fremd sehe das aus, fremd und schön, und selbst wenn es

manchmal Geranien seien, lasse sich doch kaum ein größerer Unterschied denken als zwischen den Balkonbepflanzungen hier und den Topfgärten dort.

Eine lange, sanft ansteigende Treppe. Rechts und links diese bunten Töpfe, aus Blech, Ton, Holz, runde und kantige, hoch oder flach, zusammengehörig nur durch die einheitliche Farbe: rot vor der einen Tür, blau oder gelb vor einer andern – die ganze krumme gestufte Gasse hinauf.
Wo war das?
Ein Bild ohne Legende, und mit Löchern. Die Blumen kann er nicht sehen. Gemerkt hat er sich nur die farbigen Töpfe und sein Hindurchgehen: weg vom Hotel.
Allzuoft hat er sich nicht davonmachen können, Vater hatte sein Programm. Da mußte schon ein Schiff ausfallen oder Mutter, ermüdet von den Besichtigungen, auf einem Ruhetag bestehen. Dann hat er sich abgesetzt und ist herumgegangen, ziellos hügelauf und -ab, kreuz und quer durch ein Dorf oder dem Meer entlang, einfach der Nase nach. Abends war er zwar wieder zurück, im Hotel und bei Vaters Gerede, doch seinen Tag hat er sich nicht wegreden lassen. Er hat auch nichts preisgegeben davon, hat ihn nur stumm vor sich aufgebaut, eine Schranke gegen Vater, hinter der er für sich sein konnte, nochmals draußen unterwegs.
Nicht, daß er sich zuhause gefühlt hätte dort beim Herumgehen. Es hat ihm gefallen, sehr. Aber daß es Fremde war, und für ihn Fremde bleiben mußte, hat er nicht übersehen. Mochten andere davon träumen, hier Wurzeln zu schlagen – er nicht, er gehörte da nicht hin. Eher noch gehörte er zu den Eltern, das hat er gewußt. Vielleicht hat er deshalb gerade dort angefangen, von ihnen fortzugehen.
Ein Anfang, und jetzt noch einer. Fortgehen ist kein Ziel. Außer man wolle sich vorstellen – Vom Sterben weiß er nichts. Würde er dazu Fortgehen sagen? Helen hat noch ganz anders gesagt, aber sie ist Partei.

Ob die Leute dort arm seien, fragt sie, eine naheliegende Frage nach allem, scheint ihr, doch dann fühlt sie sich rot werden unter Stefans Blick, als habe sie sich über die eigenen Verhältnisse beklagt.
Wenn sie an Geld denke, Bargeld, davon habe er in der Tat dort wenig gesehen. Aber keine hohlwangigen oder zerlumpten Kinder, wie zum Beispiel in England, keine Verwahrlosung. Sicher die Hälfte ihres Bedarfs, vielleicht aber viel mehr, hätten sie durch Selbstversorgung gedeckt oder auch mittels Tausch: Fische, Wein, Gemüse, Oliven, und fast jeder habe eine Ziege und Hühner gehabt. Die Ställe übrigens, die stünden nicht etwa im Dorf, bei den Häusern ihrer Besitzer, sondern außerhalb, eine Slumvorstadt für Tiere sozusagen, aus Latten, Pappe und Blech, die Zäune aus aufgeschichtetem Ginster, der sei mit seinen Dornen so wirksam wie Stacheldraht.
Helen wundert sich über die Ziegen, sie hat sich zu Griechenland immer Schafe gedacht, riesige Herden mit Hirten und Hunden – die gehören also woanders hin. Schade, denkt sie und lacht sich gleich aus, was würde sie denn von Schafen dort haben, sie würde sie doch nie sehen. Sie reist nur, wenn sie muß, hat an den Geschäftsreisen genug, und selbst in Mailand oder Bologna, Städten, die sie nun wirklich kennt, fühlt sie sich ziemlich verloren, wenn sie abends keinen Termin hat. Wo kann man schon hingehen, als Frau allein. Unangefochten sitzt man bestenfalls in der *Scala*. Oder mit einem Sandwich im Hotelzimmer, aber reist man dafür weg?
Stefan stoppt ihren Gedankengang, indem er aus dem eigenen auftaucht. »Arm?« sagt er, als habe er sich festgebissen an der Frage, und dann sogar nochmals: »Arm?«
Man müsse sie arbeiten sehen. Wie sie Holz hackten und Netze flickten. Oder im Weinberg und bei den Oliven. Sie hätten Zeit. Jeder tue, was zu tun sei, aber im eigenen Takt. Die Hände würden ja auch immer wieder zum Reden gebraucht, ohne Hände kein Gespräch. So sehe Arbeit bei

ihnen nicht wie Arbeit aus, nicht wie Arbeit bei uns zumindest, wo sie doch für die meisten etwas von einem widerwillig bezahlten Preis an sich habe, gefordert für den Feierabend, für das Ansehen, für das Am-Leben-Sein.
Sie muß sich zu heftig bewegt oder laut geatmet haben, denn er wirft ihr einen Blick zu, und sofort fährt seine Hand aus. Ihr harmloses Gesicht kommt zu spät, weil er schon wieder auf die Straße schaut.
»Eine Mystifikation natürlich. Der Ausländer, der nichts begreift.«
»Aber fotografiert.«
Sie sagt es so leise, als wolle sie ihm freistellen, ihren Unwillen zu bemerken oder nicht. Als er aber nicht reagiert, auch nicht aussieht, als könnte es darauf irgendwas zu sagen geben, ist es mit ihrer Großzügigkeit doch nichts, ihre Stimme klingt fast schon schrill.
»Was ist auf den Fotos drauf?«
»Keine Leute, wenn du das meinst. Weder bei der Arbeit noch sonst.«
»Eine Bildergeschichte ohne Akteure?«
»Ich *kann* keine Menschen. Schon mein Zeichenlehrer hat das gewußt.«
Er lacht ein wenig, dann nimmt er die Brille ab.
– Nein, im Auto kann es dann nicht gewesen sein. Über die Fotos haben wir in Rapperswil geredet, ich erinnere mich jetzt. Auf einer Bank am See.
Stefan, wie gesagt nun mit der Brille in der Hand, habe friedlich in die Sonne geblinzelt. Aber sie – stur, wie sie nun einmal sein könne – habe auf ihrer Frage beharrt.
»Also was?«
»Wege vor allem. Löchrige, ausgefranste, sonnenglühende Wege. Von Landschaften umgeben zwar, oder von Landschaftsausschnitten. Aber die Wege sind das erste, was in die Augen springt.«
Und die Griechen seien ihm freiwillig aus dem Bild gegangen?

Außerhalb des Dorfs sei er selten Leuten begegnet. Und falls er einmal welche gehört habe, etwa in den Reben (man höre sie immer, bevor sie zu sehen seien), habe er die Kamera in den Seesack gesteckt. Schon hinter dem ersten Hügel dann, kaum eine Stunde vom Dorf, sei während der Zeit seiner Spaziergänge keine Menschenseele zu treffen gewesen, jeder Weg *sein* Weg, mit dem Staub, den Löchern und den Stolpersteinen, mit Sonne, Fliegen und Ausblick: ungeteilt sein.
Wege, denkt Helen, Wege mit ein wenig Landschaft drumherum. Doch danach – Eine Blutleere im Kopf vielleicht. Hysterie.
Sie weiß noch, daß sie, um sich Stefans Wege näherzubringen, versucht hat, sich die Quaimauer, den See, die Schiffe wegzudenken, das ganze vertraute Aussichtsinventar, zuletzt mit geschlossenen Augen, sie habe nicht allzuviel Phantasie. Ja, und dann eben – Plötzlich sei alles weggewesen, total alles, dem Weggedachten hinterhergerutscht und nachgestürzt, die Welt unversehens ausgeräumt – sofern man Welt noch sagen wolle zu etwas wie dem. Von ihr selbst sei auch nicht viel übriggeblieben, nichts mehr, was ihr gehört hätte, nur atemloser Schreck.
Möglich, daß Stefan durch die Atemlosigkeit alarmiert worden ist, oder er hat das Kaltwerden ihrer Haut gespürt. Er muß sofort nähergerückt sein und zu reden angefangen haben, nichts von Belang, Satzfolgen halt, irgendwas, um sie am Faden seiner Stimme aus der Kälte herauszuziehen. Als sie sein Reden wahrnimmt, kommt er grad zu den Eseln. Sie trügen dort Glöckchen wie bei uns die Ziegen, sagt er. Da spürt sie aber auch schon das Gewicht seines Arms, und die Welt wird ihr so rasch wieder ganz, wie sie ihr zuvor davongefahren ist.
Der Ritter Stefan. Nun will er sie glauben machen, er habe nichts bemerkt und nichts getan. Redet weiter, im selben Tonfall, mit derselben Beliebigkeit in der Wahl des Gegenstands, während Helen doch gleich Lust zum Lachen hat.

Nicht über ihn, und auch nicht einmal über sich. Nur weil sie sich über die wiedergewonnene Perspektive freut; und weil Lachen vielleicht eine Antwort wäre auf das andere – eine Antwort hinterher.

Fliegen, Stefan ist bei den Fliegen jetzt. Ein wenig läßt sie sich ablenken durch das Gewimmel auf dem Schiffsteg, durch die Rufe, das Lachen, aber sie hört ihn doch. Ganze Schwärme habe man beim Spazierengehen mitgeschleppt, sagt er, eine sirrende Wolke, die man keinen Augenblick losgeworden sei. Zuerst hätten sie ihn nervös gemacht, doch dann habe er gewisse Abwehrbewegungen entwickelt, wie die Tiere, oder vielmehr hätten sie sich von selbst gefunden, und am Ende würde er die Fliegen, wenn nicht das Sirren gewesen wäre, vergessen haben. Auf einem der Fotos sei übrigens eine drauf, nicht scharf natürlich, sie müsse direkt auf dem Objektiv gesessen haben.

»Ganz so unvollständig, wie du meinst, ist meine Bildergeschichte nicht.«

»Nach uns die Insekten?«

Sie lacht nun doch. Stefan darf seinen Arm fortnehmen, es macht nichts, sie ist wieder warm. Die Stimme läßt er vorläufig da.

Mit den Wespen habe man sich auch abfinden müssen, sagt er, oft habe er deshalb an seine Frau gedacht. Eine einzige sei Grund genug gewesen, daß sie sich geweigert habe, ein Zimmer zu betreten, und nun dort – Sie wäre am ersten Tag wieder abgereist. Sie seien einem auch wirklich lästig gefallen, besonders beim Essen. Kaum habe man einen Teller vor sich gehabt, seien sie angerückt, woher immer, oft mehr als ein halbes Dutzend und durch nichts zu vertreiben, beharrlich bis zum letzten Bissen hätten sie die Esser umschwirrt.

»Scheußlich. Und da gewöhnt man sich dran?«

Sie haßt Wespen auch, und es ist nicht die erste Ähnlichkeit mit seiner Frau, die sie an sich entdeckt. Daß ihr lieber wäre, sie würde sich in allem unterscheiden, ist kindisch, sie weiß es, nur hat sie keine Lust, mit sich zu rechten, nicht jetzt.

Stefan habe der ausfahrenden *Linth* nachgeschaut, und sie, vielleicht verführt durch sein halbes Lächeln, oder einfach ein bißchen übermütig nach allem, habe auch noch das andere gesagt.

»Ein freundlicheres Häkchen für deine Frau fand sich dort nicht?«

In diesem Moment habe er die Brille aufgesetzt und sei aufgestanden, taub und unerreichbar, aber durchaus heiter. So habe er eben sein können: eine lächelnde Wand.

– Sie haben nie eine Frage wiederholt?

Es war das einzige Mal, daß er in eine Pause hineingeredet hat. Hat er verhindern wollen, daß sie in die Falle der eigenen Wörter ging? Denn woran konnte sie jetzt denken als an den Mann im Spital, jenen andern, der nicht zu erreichen war, durch nichts mehr, und von dem sie sich doch wegerzählen wollte. Oder was wollte sie?

– Vielleicht lügt sein Gesicht, Etienne. Vielleicht ist das Helle nur stehengeblieben, und dahinter ist nichts mehr. Nicht einmal Freude am Entkommensein.

Das war, bevor sie aufgestanden ist. Hat sie gemeint, er könne ihr antworten – bevor sie hinging, um sich aufs neue zu fragen? Was weiß denn er.

– Vielleicht hat die Schwester doch recht gehabt: er ist nicht bei sich, er ist nirgends mehr, und was dort im Bett liegt –

Den Satz hat sie nicht zuende gebracht, weil ihr beim Zuknöpfen des Mantels ein Knopf in der Hand blieb. Einen Augenblick schien sie wirklich fassungslos. Sie ist dann aber in einem der Zimmer verschwunden, und als er noch unentschlossen an der Flurtür stand – sollte er auf sie warten oder gehen? –, war sie in einem andern Mantel bereits wieder da. Vor der Haustür hat sie ihm die Hand gegeben, hat sogar danke gesagt und ist weggerannt. Er ist in die andere Richtung gegangen, weil er gedacht hat, es könnte ihr nicht recht sein, wenn er bei der Haltestelle wieder auf sie träfe.

Hätte sie ihn überhaupt noch erkannt?

Ein Chinese unter Chinesen. Ist er das? Ganz gleichgültig wäre es ihm nicht. Er hält zwar nichts von dem, was Vater *sich profilieren* nennt, aber ein bißchen Gesicht braucht man schon.

Daß er nur nicht vergißt, in die Schuhe zu schauen, der Weberknecht muß ja irgendwo sein. Wenn er sich noch die Zähne putzen will, ist es Zeit. Einen Tramfahrplan müßte er haben. Oder den bei der Haltestelle abschreiben, das geht auch.

Das Glas sieht sauber aus. Aber das Wasser hat einen fremden Geschmack – Einbildung vielleicht. Eindeutig ist, daß das Waschbecken zu klein ist. Nicht nur Spiegel und Wand hat er mit Zahnpasta vollgespritzt, auch den Pullover; an dem ribbelt er mit einem angefeuchteten Handtuchzipfel herum.

Kein Weberknecht in den Schuhen, das ist schon was. Der Mandarinenteller steht noch auf dem Boden, der gehört auf das Prunkstück von Tisch. Hat er die Hose zu? Das Bett glattstreichen, und hinein in die Jacke. Geld hat er, Sichtkarte und Führerschein auch. Die Einkaufsliste noch. Ein neues Taschentuch.

Gekämmt hat er sich nicht, wo ist der Kamm. Wo sollte er sein außer im Schrank, gibt ja hier keine Alternative. Klar, neben Rasierapparat und Schuhputzzeug; anscheinend hat er sich beim Auspacken etwas gedacht. Du denkst zuwenig, sagt Vater. Hat vermutlich recht.

Sieht er wie ein Simpel aus? Oder wie was. Wie einer, der sich unter die Löwen traut, bestimmt nicht, da hat Helen schlecht geschaut.

Daniel.

Wenigstens hat sie nicht David gesagt.

III

– Du siehst anders aus, irgendwie. Nackter.
Lisa redet immer, als ob jeder hören dürfte, was sie sagt. Nicht laut, das nicht; es kümmert sie nur überhaupt nicht, ob einer in der Nähe sitzt, den es nichts angeht. Warum kümmert es ihn?
– Ich hab das Zimmer jetzt.
– In Altstetten? Das ist weit.
In der *Kantorei* hat sie nicht bleiben wollen, dabei war er grad richtig in Fahrt gekommen dort. Es interessiert sie, hat er gedacht, doch da hat sie plötzlich den Mantel angehabt, oder sie hatte ihn gar nicht ausgezogen, und er hat gemerkt, daß sie nichts bestellt hatte, daß sie offenbar nur wartete, bis er fertig war mit seinem Kaffee. Natürlich hat er gleich bezahlt und ist mitgegangen. Hier darf man sich wenigstens umsehen, hat sie gesagt.
– Hast du ein Taschentuch?
Er gibt es ihr, unter dem Tisch hindurch, lächerlich. Sie schüttelt es auf, schnaubt hinein, knüllt es wieder zusammen, gibt es ihm auf demselben Weg zurück. Lacht sie ihn aus, indem sie ihn nachmacht? Hoffentlich nicht.
– Was haben sie gesagt?
– Sie waren nicht da.
Daß Vater weg sein würde, hat er gewußt. Aber von Mutter hat er sich verabschieden wollen; nur deshalb ist er gestern, als er die Koffer fortgebracht hatte, nochmals zurückgekehrt. Er hat sich zurechtgelegt, wie er nach dem Frühstück sagen wird: Ich geh jetzt, du weißt ja warum. Seine Schuld ist es nicht, daß sie ausgerechnet heute zum Coiffeur fahren mußte. Er hat auf dem Frühstückstisch ihren Zettel gefunden und hat dann eben, als er gegangen ist, auch einen hinterlassen. Bequem, klar, aber warten, bis am Ende Vater zurückkam, konnte er nicht.
– Und das Zimmer ist gut?

Er zeichnet es ihr auf, mit allem, was drinsteht, auf der Rückseite des Einkaufszettels; wenigstens hat er den nicht ganz umsonst eingesteckt. Daß die Geschäfte samstags um vier Uhr schließen, weiß wohl außer ihm jedes Kind. Das Fenster ist eine Lukarne, sagt er, weil er das im Grundriß nicht unterbringen kann, doch nun ist er abgelenkt. Lisas Unterlippe ist aufgeplatzt, sie hat mit der Zungenspitze drübergeleckt, drum hat er es bemerkt. Ein winziger senkrechter Schnitt, fast genau in der Mitte, auf den er nun hinstarrt, wie lange schon? Sie lacht.
– Die Kälte. Die Haut wird zu eng.
– Im Winter stirbt man, jeden Winter.
Sie schüttelt den Kopf, daß die Haare fliegen.
– Seh ich so aus?
– Der Satz ist aus der Geschichte.
Ein Köder, sie nimmt ihn nicht an.
– Und der Job?
– Jede zweite Woche Nachtschicht. Abwechselnd mit Ernst.
– Sofort?
– Er läßt mich mitfahren zuerst, inoffiziell. Ist ja dauernd wieder was anders: Großbaustellen, neue Beschilderungen und so.
– Verrückt.
Ist es das? Wenn er an die nächsten Wochen denkt, macht es ihm selber Angst. Aber muß er dran denken? Der Karren ist ins Rollen gebracht und läuft jetzt von selbst. Ihm bleibt nichts zu tun, außer mitzulaufen.
– Du mußt kein mutiges Gesicht machen.
Nein, er schaut sich nicht um, ob jemand Lisa gehört hat. Es gelingt ihm sogar, ohne daß er sich besonders ungeschickt vorkommt, seine Hand auf ihren Arm zu legen.
– Das Gesicht hat es noch nicht gemerkt.
Darüber muß sie nun lachen, ihre Augen werden ganz schmal.
– Wie ein Taxifahrer siehst du nicht aus.

Wenn Lisa es sagt, muß es wahr sein. Es klingt auch anders von ihr als von den Kollegen, schon bei der Ausbildung haben sie ihn aufgezogen damit. Der einzige Witz auf seine Kosten ist es nicht geblieben, und wenn es auch vielleicht nicht gehässig gemeint war: es hat ihn ziemlich strapaziert.

Der erste Streich, den er Vater gespielt hat. Man kann nicht reden mit ihm, man kann ihn nur hintergehen. Er sei mit Freunden in Südfrankreich, hat er gesagt, dabei hat er sich hier in einem billigen Hotel einquartiert. Nachts ist er gefahren, den Vormittag hat er verschlafen, und danach, wenn das Wetter gut war, hat er sich im Strandbad die Ferienfarbe geholt.

Lisa hat er im Sommer noch nicht gekannt. Sie war in Korsika, sagt sie, hat dort mit andern campiert. Während Helen –

So viel Gleichzeitiges, und man weiß nichts davon. Was geschieht gerade jetzt – und wem, und wo –, das ihn später einholen wird?

Lisa sieht ihn von unten herauf an. Sie hat die Ellbogen aufgestützt und den Kopf in die Hände, während sie das Gesicht für sich reden läßt: Ergebung ins Unvermeidliche, Neugier, gespannte Erwartung, alles fast gleichzeitig, und alles gespielt. Gelogen ist es deshalb noch lange nicht, soviel weiß er schon; Lisa kann nur spielen, was sie meint.

– Du sollst Helen zu ihr sagen?

– Ich hab gar nichts gesagt.

Der Name gefällt ihm, doch. Er weiß niemanden sonst, der so heißt. Außer in Büchern. Die Altenwyl zum Beispiel. Oder die vom trojanischen Krieg. Die kennt Lisa auch.

– So eine?

– Nein, so eine nicht.

Es sei wenig Besonderes an ihr, bei weitem mehr Alltägliches als anderes, Stefan habe es nur nicht gesehen. Nicht sehen *wollen*; ihr gewöhnliches Leben habe für ihn nicht existiert.

Oft habe sie sich gefragt, was er außerhalb der Zeiten ihres Zusammenseins aus ihr mache. An sie gedacht, wie man sich das so gern vorstelle, habe er sicher nicht, aber irgendwie müsse er sie ja aufbewahrt haben, vom einen Mal bis zum nächsten. Ein Bild? Eine Stimme? Ein unbegreifliches Gegenüber mit warmer Haut?
– Wenn er mich je im Büro erlebt hätte. Oder beim Wohnungsputz, du lieber Gott.
Er habe sie für das gehalten, was sie bei ihm war, während der paar Stunden. Und sie sei draufgekommen, oder vielmehr: er habe sie durch seine Unbeirrbarkeit draufgebracht, daß sie sein mochte, was er in ihr sah; daß ihr die Verwandlung gefiel.
– Man kann drüber lachen, Etienne – und es *ist* komisch –, aber er hat es zustande gebracht, daß ich manchmal in den Spiegel schaute, wenn ich von ihm nachhause kam, und mich tatsächlich schön fand. Und heiter. Und sanft. Leichtsinnig sogar.
Diese habe er gemeint. Die andere, die Zähe, der man alles zumuten und aufladen mochte, habe ihn nicht interessiert. Wenn früher Männer auf sie zugekommen seien, weil ihnen ihr Rücken danach auszusehen schien, daß er auch für zwei reichen mochte –
– Stefan nicht. Er konnte sich selber tragen. Mit oder ohne mich: er stand fest.
Ja, Wärme würde sie gern gewesen sein für ihn. Und von dem, was drinstecke in der Haut, habe er vielleicht doch mehr gewußt, als zur Sprache gekommen sei.

Lisa kann einen ansehen manchmal, daß man sein Gesicht nicht mehr spürt. Unangenehm ist es nicht, nur müßte man wissen, was es heißt. Will sie, daß er mitgeht zu ihr? Es reicht aber nicht, Ernst wird nicht warten. Und nicht nur deshalb. Er braucht keinen Beistand. So könnte es ihm doch ausgelegt werden. Läuft aus dem einen Nest gleich ins nächste, weil er kein bißchen Zugluft erträgt.

– Dieser Stefan –
– Es sind eigentlich zwei. Der in Griechenland, damals. Und der hier, der davon erzählt.
– Den im Spital rechnest du nicht?

Kann man den rechnen? Wer ist er denn noch. Weder Freund noch Feind, nur Abwesenheit. Provozierend durch die Maske des Glücks. Also vielleicht doch eher Feind. Einer, der darauf beharrt, wie Stefan auszusehen. Dessen Haut sich möglicherweise, sofern man die Berührung nicht scheut, anfühlt wie Stefans Haut.
Zwar hält Helen daran fest, versucht es zumindest, daß er ein verborgenes Leben hat. Aber sie gönnt sich nicht einmal einen Platz darin. Sie kommt nicht vor in seinem Erinnern, denkt sie, was sei denn schon ein Jahr, das Jahr mit ihr.
– Ein einziges von siebzig, Etienne, und ganz obenauf. Mußte es nicht über Bord gehen, und zuerst?

Lisa berührt seine Hand. Ihre Zunge fährt wieder über den Schnitt in der Lippe, sie bemerkt es wohl nicht. Nun neigt sie den Kopf zur Seite, und er muß rasch hinübergreifen und das Glas von ihr fortrücken, damit ihr Haar nicht ins Coca-Cola gerät. Sie lächelt ihn dafür an.
– Erzähl vom Sommer.
– Sie verbringen den Abend zusammen, ein-, zweimal in der Woche, je nachdem. Oft holt er sie vom Geschäft ab und fährt sie irgendwohin zum Essen, bevor sie zu ihm gehen, in sein Haus.
– Ein Krösus?
– Möglich. Hottingen ist ziemlich fein.
– Und sie, diese Helen. Die paßt auch da hinauf?
Sie würde schon passen. Spricht das gegen sie? Bestimmt würde Lisa es glauben, obwohl er meint, auch sie würde passen, und besser als an ihren Küchentisch. Klar, daß er das nicht sagen kann. Spricht ja alles, genaugenommen, nur gegen ihn.

– Sie wohnt im Kreis drei.
– Und er gibt ihr Geld.
– Um Gotteswillen nein. Er würde, wenn er dürfte, aber darum geht es nicht.
– Ich will nur sicher sein, daß du nichts ausläßt. Weil du vielleicht meinst, daß es die Geschichte verdirbt.
– Sie läßt sich zum Essen einladen.
Lisa bekommt wieder ihre schmalen Augen. Sie sagt: Teuer hoffentlich. Ich will einen richtig teuren Abend jetzt.

Stefan ist ein paar Tage weggewesen; in Montreux, da lebt sein Sohn. Auf einer Karte mit dem Genfersee hat er ihr geschrieben: »Es bleibt dabei« – unnötig eigentlich, nur wenn er verspätet zurückgekehrt wäre, hätte sie Nachricht gebraucht.
Als sie herunterkommt vom Büro, steht sein Volvo schon da. Wie immer steigt er aus, als er sie kommen sieht, geht um den Wagen herum und öffnet ihr die Tür. Sie habe versucht, ihm das auszureden, doch habe er es sich nicht nehmen lassen wollen; er sei eben, sagt sie, aus einer anderen Zeit.
»Was hältst du vom Zugersee«, fragt er, kaum daß er angefahren ist. Sie will schon, doch; sie ist noch ein wenig konfus, aber der Abend ist schön. Daß sie den Stoßverkehr haßt, weiß er, doch wie soll er es ändern. Wenigstens läßt er sich selbst nicht aus der Ruhe bringen, nicht von den Ampeln, nicht vom Gewühl. Er erzählt von Montreux, von den Kindern, sie kann zuhören oder nicht. Eine ganze Weile erwartet er nichts von ihr, sie braucht nichts zu sagen, er läßt ihr Zeit. Er schaltet und fährt und bleibt stehen und fährt wieder, und immer redet er, und beides, das Fahren und das Reden, dient nur der Entfernung: fort von ihrem Arbeitstag, fort von der Stadt.
Als sie draußen sind, auf der Sihltalstraße, dreht sie die Scheibe herab, obwohl die auf Stefans Seite schon unten ist. Der Durchzug zerrauft ihr die Haare, das gefällt ihr, sie

fängt schon an, sich besser zu fühlen. Stefan schaut herüber und lacht. Er muß rufen jetzt.
»Die Christa fährt nach Griechenland. Die Älteste. Sie wollen da herumziehen. Mit dem Zelt.«
»Du hast ihr erzählt«, ruft sie zurück.
Und er, noch lauter, als mache ihm das Schreien Spaß: »Nichts. Sie ist neunzehn. Ist doch alles ganz anders jetzt.«
Sie kurbelt die Scheibe wieder hoch. Eine Weile Schweigen. Plötzlich dreht er ihr das Gesicht zu, sie meint, er wolle etwas sagen, doch er schaut wieder weg, dreht den Kopf zum Fenster, wieder zu ihr, hin und zurück. »Hörst du was?« Sie weiß nicht, was sie hören sollte, nein, sie hört nichts. »Damals hat es geknarrt«, sagt er. Einmal habe es ihn in der Nacht aufgeweckt, und dann sei er es lange nicht mehr losgeworden. Ein scheußliches Geräusch, nicht laut, aber aufdringlich; zu ignorieren jedenfalls nicht. Als ob sich die Knochen aufeinander rieben, so habe es sich angehört, und da es zu hören gewesen sei, habe er es auch gespürt, und schlimmer noch: auch gesehen, so absurd es klinge. »Kannst du dir das vorstellen«, sagt er. »Ich sah meiner eigenen Abnützung zu.« Schön sei das nicht, und er habe oft stundenlang vermieden, den Kopf zu drehen. Am Ende sei er aber immer der Versuchung erlegen, auszuprobieren, ob das Geräusch noch da sei, und so habe es geknarrt und geknarrt.
Helen sagt: »Man kann auch seinen Herzschlag hören, wenn man darauf achtet.«
Er nickt. Mit dem Blick auf der Fahrbahn, bemüht um Beiläufigkeit, sagt er: »Wie das so unerbittlich auf seine Ermüdung zurennt.«
Er habe dort die ersten grauen Haare bekommen. Oder sie seien schon vorher dagewesen, aber dort habe er sie zum erstenmal bemerkt. Auch das Erschlaffen der Haut unterm Kinn, die Pigmentflecken auf den Händen, all das.
»Es hat dich gekränkt?«
»Es hat mich empört. Und mußte es das nicht?«

Alles zu spät, habe er gedacht. Zu spät ausgerissen, zu spät, um für den noch etwas zu tun. War denn einer, der bereits verfiel, die Mühe noch wert? Ja, das habe er sich gedacht damals, während jetzt –

Helen kennt es nun schon, dieses plötzliche Innehalten; als habe er vergessen, daß er spricht, und mitten im Satz falle es ihm ein. Ohne hinüberzusehen, hilft sie ihm beim Weglachen seiner Verlegenheit. Dann klappt sie die Blende mit dem Spiegel herab und kämmt sich. Sie sagt: »Die ersten grauen Haare hab ich schon lang.«

Er geht nicht darauf ein, er fährt jetzt. Er ist ein vorzüglicher Fahrer, doch bei mehr als hundertzwanzig macht sie nicht mit. Sie hat es ihm gesagt, schon bei der ersten Ausfahrt, und er hält sich daran. Er sei so unbegreiflich gern Auto gefahren, sagt sie. Zwar habe er behauptet, daß er nicht singen könne, aber wenn er gefahren sei – das, was er fahren nannte –, habe er ein Gesicht gemacht, als wolle er jeden Augenblick zu singen anfangen.

Er sagt: »Der Lauerzersee, da drüben.« Und später: »Die Rigi.« Sie schaut hin, wo er hinzeigt. Der Abend ist einer von denen, wo das Licht einen Körper hat – sieht Stefan es auch? Daß da ein Widerstand ist für die Augen, und immer fühlbarer, je weiter der Blick geht. An die Konturen zwar kommt man heran, doch man stößt nicht mehr zu den Farben durch. Das Licht ist im Weg, diese Masse Licht, und immer dichter, immer undurchlässiger zum Horizont hin, so daß der entfernteste Höhenzug, der letzte vor dem Himmel, nur noch Umriß ist, Umriß und Licht.

So ein Abend also, und die zwei unterwegs. Helen hat sich erholt. In Zug zwar dann nochmals Feierabendverkehr, aber Zug ist nicht Zürich, fast im Handumdrehen sind sie am See. Da liegt jetzt die Sonne drauf, ein Läufer aus Blattgold; Helen legt die Hand über die Augen, blinzelt zu den Booten hinaus. »Abend mit Goldrand«, sagt Stefan und meint vielleicht, daß sie das kennen muß. Sie könnte fragen: Wo steht das, doch sie schaut nur wieder hinaus. In einem Anfall von

Widersetzlichkeit und nicht ohne Schadenfreude sagt sie: »Der Rand geht aber mittendurch.«

– Du schwindelst. Das hat sie dir nicht erzählt.
Lisa schiebt ihm den Zettel hinüber, womöglich will sie jetzt gehen. Er könnte sie bitten, für ihn ein Tischtuch zu kaufen, sie kommt öfter in die Stadt als er. Nein, er sagt nichts. Er starrt seinen Zettel an, konsterniert über die Entdeckung, die er gemacht hat: er mißtraut ihrem Geschmack.
Sie steht doch nicht auf. Sie bestellt sich noch ein Coca-Cola, sie schaut ihn an. Vielleicht weil er noch immer den Zettel in der Hand hat, sagt sie: Das Zimmer gefällt dir nicht.
– Müßte es das? Das Bett ist gut.
Das klingt anzüglich, klar, Lisa hat das nicht verdient. Sie lacht aber. Sie sagt: Lädst du mich ein?
Diesmal steht das Glas weit genug entfernt, als sie den Kopf zur Seite kippt. Sie fährt sich mit der Hand unter die Haare, stützt sich auf, und es sieht aus, als halte sie sich das Ohr zu; wenigstens nur eins.
– Der Abend, von dem du erzählt hast. Den hat es gar nicht gegeben?
– Doch. Sie waren in einem Fischrestaurant.

Sie müssen über eine Außentreppe hinauf, dann durch einen dämmrigen Gang, Stefan kennt sich aus. Die Gaststube ist niedrig, mit Balken an der Decke, aber sie drücken nicht, weil die Fenster offenstehen, eins neben dem andern, und draußen der See. Helen ist in der Tür stehengeblieben, ein wenig geblendet, und als er sich zu ihr umdreht, kommt sie seiner Frage zuvor. »Ja«, sagt sie, »ja es ist schön.«
Sie setzen sich zu einem der Fenster, sie sind die ersten Gäste, es ist noch früh. Stefan hat die Sonne auf Gedeck und Händen, sie sieht die braunen Flecken, und nicht zum erstenmal. Sie streckt ihre Hand hinüber, legt sie in die Sonne neben seine. Er schüttelt den Kopf.
»Ein paar Sommersprossen. Du holst mich nicht ein.«

»Sollte ich das? Jemand ist immer voraus.«
»Aber vorn werden es weniger, hinten immer mehr. Ein Gemeinplatz«, sagt er, doch damals habe ihn die Einsicht getroffen wie ein Schock.
Sie sagt: »Die vielen Kinder.«
Er sagt: »Die jungen Männer.«
Sie seien abends in der Gasse zusammengestanden, hätten gelärmt und geschrien. Bei seinem Herankommen seien sie nicht leiser geworden oder gar verstummt wie die andern, er habe sich auch an ihnen vorbeidrücken müssen, keiner habe ihm Platz gemacht. Sie seien so vollauf beschäftigt gewesen mit ihrem Jung- und Lebendigsein, daß sie ihn übersehen hätten. Aber nicht etwa rüpelhaft und mit Absicht, das würde ihm wenig ausgemacht haben, sondern er sei wirklich nicht vorhanden gewesen für sie. Wie der Müll in der Gasse, wie die vielen Hunde oder der Schatten vor ihren Füßen: ihrer Wahrnehmung nicht wert.
»Totgeschlagen«, sagt er, doch nun kommt der Wirt. Man muß sich ihm zuwenden, seine Empfehlungen bedenken, sich für eins der Gerichte entscheiden. Auch wenn Stefan wieder mehr gesagt haben sollte, als er sagen will: zum Erschrecken bleibt ihm keine Zeit.

Sie nehmen Egli- oder Felchenfilets, sagt Lisa und sieht plötzlich so hungrig aus, daß er lachen muß. Sie grapscht sogar nach dem Menükärtchen, wirft es aber gleich wieder hin.
– Fleischkäse mit Spiegelei. Das mögen sie wohl nicht.
– Du wolltest es teuer haben. Wie wär's mit Forelle blau?
– Ah nein, nicht für Helen. Sie kommt von der Arbeit, hast du gesagt. Soll sie mit dem Essen auch noch Arbeit haben?
– Also Felchen. An einer Weißweinsauce.
– Oder einfach mit heißer Butter.
– Und Petersilkartoffeln, wenn du magst.

Er liegt dort, und ich rede vom Essen, hat Helen gesagt. Merkwürdig vielleicht, aber so merkwürdig doch nicht. Beim Essen nämlich sei das Fremde zwischen ihnen ausgeräumt gewesen, nie habe sie sich ihm so ungefährdet nahegefühlt. Nein, geredet worden sei fast nichts, sie hätten das Essen zur Hauptsache gemacht. Bloß zugesehen hätten sie sich, einer dem andern, und einer habe dem andern die Eßlust abgeschaut. Es sei ein Spiel gewesen, aber eins ohne Verlierer. Kein Wettstreit, nur ein Fest.
Was seien dagegen die Mahlzeiten aller Tage. Natürlich: sie werde nicht verhungern ohne ihn. Das sei kein Programmpunkt, sondern einfach das Übliche, man könnte auch sagen: das Insektenmäßige an uns. Wenn wenig zu haben sei, komme man mit wenig zurecht. Man sei ausgerüstet für ein Leben unter Bedingungen, von denen man schwören würde, daß sie zum Leben nicht taugten. Sie taugten auch wirklich nicht, doch die Ausrüstung sei nun einmal da.
– Was sie dort in ihn hineintropfen lassen, ist das vielleicht tauglich? Hat er sich Leben je so vorgestellt?
Ja, sicher, sie wolle für möglich halten, daß er nun auf seiner Innenseite lebe. Aber INNEN sei doch nur ein Teil, und das Ganze sehe anders aus.

Hört Lisa noch zu? Sie schaut zum Nebentisch, von da hat einer etwas gerufen. Der muß grad gekommen sein, er und ein paar andere, sie haben noch nicht einmal bestellt. Lisa grüßt ihn, mit Vornamen, den kennt sie also, und nun sehen alle her. Er haßt das. Lisa kann kennen, wen sie will, versteht sich, aber muß er sich nun begutachten lassen? Zurückstarren hilft nichts, er weiß es, er wird sofort ganz steif. Auch Lisa kann er nicht mehr ansehen jetzt.
Ein paarmal atmen, möglichst leise, und es geht vorbei. Ein Held ist er, was für ein Held. Verliert die Fassung, weil irgendwelche Leute ihn ansehen. Wer sind die denn, was gehen sie ihn an. So gut wie die sieht er noch lange aus, und vorläufig sitzt Lisa bei ihm. Sie wird ihn mit dem Fuß ansto-

ßen, gleich, wird ihn zurücklachen aus dem Abseits. Oder wird sie nicht? Wie kommt sie dazu, ihm alles nachzusehen.

– Etienne.

Wird er tatsächlich rot, und warum *jetzt*? Die am Nebentisch haben ihr Bier bekommen und schwatzen, sie kümmern sich nicht mehr um ihn.

– Das Eßfest kann ich mir vorstellen. Und dann?

– Helen hat ihre Fragestunde gehabt.

»Diese jungen Männer«, sagt sie. »Hatten die einen Beruf?«

Sie will ihn nicht an das *Totgeschlagen* erinnern, aber irgendwo muß sie anfangen, und die Frage, findet sie, ist harmlos genug.

Wer im Dorf geblieben sei, sagt er, sei geworden was der Vater: Fischer, Bauer, Bäcker, oder alles zusammen. Wo immer Leute gearbeitet hätten, habe man auch Junge gesehen.

Helen hat auf dem See ein paar stumpfe Stellen entdeckt, Schatten ohne erkennbare Herkunft, als wachse der Abend von unten herauf. Sie schaut und schaut; es dauert wohl viel zu lang, bis sie bemerkt, daß Stefan schweigt. »Und die Mädchen?« fragt sie.

Bei den Hühnern und Ziegen habe er Frauen getroffen. Ältere, schwarz gekleidet. Mädchen nie.

Vielleicht ist er ans Fenster gestoßen: eine kleine Veränderung des Winkels, Helen sieht plötzlich den Himmel darin. Der ist rot jetzt, glühend rot, wie es sich für die Touristen gehört, kitschig, denkt sie, aber es gefällt ihr durchaus.

Natürlich seien die Mädchen nicht eingesperrt worden, sagt er, man habe sie schon sehen können, und nicht nur in der Kirche. Sie hätten gestrickt, zum Beispiel, auf einem schattigen Vorplatz, aber nie eins allein, immer drei oder vier, oder hätten vor einer Tür die Köpfe zusammengesteckt, schwatzend und lachend wie alle, und nicht weniger laut. Hellhäutig seien sie dort und hätten breite, volle Gesichter. Sie neigten schon früh zur Üppigkeit, besonders in den Hüften, was ihnen etwas Gedrungenes gebe. Doch wenn sie auch nicht attraktiv seien in unserm Sinn, so gefielen sie doch sich selbst, das mache sie schön.

Wirklich schön, sagt er nach einer Pause, schön wie gemalt seien die Kinder gewesen. Er habe nie, an keinem Ort der Welt, so ausnahmslos schöne Kinder gesehen. Und weil er nun das Gesicht zum Fenster dreht, hat er den roten Himmel in der Brille, *Augen wie Pflugräder*, denkt Helen, nur daß sie sich nicht auf das Märchen besinnen kann, und überflüssigerweise kommen ihr auch noch Zweifel, ob ein Pflug überhaupt Räder hat – Da schaut Stefan aber wieder zu ihr. Er ist noch bei den Kindern, oder wieder, wie soll sie es wissen. Auch wenn er weniger verschwiege, wüßte sie über den Weg seines Erinnerns nichts.

Man habe schon den ganz Kleinen Wörter vorgesagt, oder vorgesungen, das gebe die richtigere Vorstellung. In einem einzigen Atem hätten sie ein Wort vielleicht ein dutzendmal wiederholt: éla-éla-éla-éla-éla, fast täglich habe er die sonderbaren Litaneien gehört. Sie seien von den Kindern nachgesungen worden lang vor der Zeit ihrer ersten Sätze, und vielleicht deshalb – so jedenfalls habe er es sich zusammengereimt – hätten sie dann, wenn die Sätze fällig gewesen seien, den langen Atem schon gehabt.

Helen läßt sich ein paar Wörter vorsagen: Fenster, See, Berg, die Sonne – Stefan weiß alle noch. Er habe sie mühsam genug gelernt, sagt er, eins nach dem andern, wie er sie eben zu benötigen glaubte; bei manchen wisse er den Anlaß noch jetzt. Xéchasa zum Beispiel: Ich habe vergessen. In der dritten oder vierten Woche sei das gewesen, ein bißchen konjugieren habe er schon können, aber nur in der Gegenwart. Er habe abends im entfernteren Laden eingekauft und seine Zwiebeln nicht eingepackt. Gemerkt habe er es erst am andern Morgen, und fast bis Mittag habe er gebraucht, um mit Hilfe der Konjugationstabellen in seinem Wörterbuch auf das xéchasa zu kommen. Xéchasa ta kremmýdia-mou: bis er hingekommen sei zu dem Laden, habe er sich das Sätzchen für alle Zeiten gemerkt gehabt. Benötigt habe er es dann nicht; der Mann aus dem Laden habe ihn kommen sehen und ihm die Zwiebeln herausgebracht.

Helen lacht. »So hast du Griechisch gelernt?«

»Eben nicht gelernt«, sagt er. Gelernt habe er Wörter. Die Sprache sei das nicht.

Helen will, daß er ihr den Zwiebelsatz wiederholt. Sie bezweifelt zwar, daß ihr Griechisch gefällt, doch sie spricht ihm den Satz nach, bis sie denkt, daß sie ihn behalten kann. Sie prägt ihn sich ein, sie auch, für alle Zeiten, und weil es so wunderschön sinnlos ist, macht es ihr Spaß.

Inzwischen ist draußen der Himmel erloschen, und drin sind alle Tische besetzt. Helen schaut wieder zum See hinaus; die Schatten sind jetzt violett.

»Vom Meer hast du noch nichts gesagt.«

Stefan sperrt sich, sie weiß nicht warum. Zuerst reagiert er überhaupt nicht, dann hebt er wie ratlos die Schultern, schließlich sagt er: »Jeder redet davon.« Es klingt wie eine Zurechtweisung, wahrscheinlich hört er es selbst. Etwas freundlicher setzt er hinzu: »Und es gibt die Plakate.«

Ein wenig ärgert sie sich. Sie sagt: »Kap Sounion mit dem Sonnenuntergang, ich weiß. Hast du da vielleicht residiert?«

Sie ist plötzlich müde, und sie schämt sich; für den Ärger, für die Müdigkeit, und weil sie sich das Gespräch einfacher wünscht. Sie weiß nicht weiter, da kommt er ihr unerwartet zu Hilfe. »Schwimmen war ich nie«, sagt er. Es habe da nicht hingepaßt. Keiner von dort habe gebadet. Wie also müßte er sich gefühlt haben, wenn einer ihn gesehen hätte. Sozusagen Großvater, und halbnackt.

»Bist du denn der einzige Fremde gewesen?«

»Der einzige, der blieb.« Das erbärmliche Hotel habe niemanden halten können, manche seien schon nach einer Nacht wieder abgereist. Tagsüber habe man immer ein paar beim Schwimmen oder Sonnenbaden gesehen, abends seien

sie dann am Hafen herumgestanden, manchmal habe ein Fischer sie mit hinausgenommen aufs Meer. Sie seien gekommen und gegangen, jung die meisten und ein bißchen verwegen, bei den damaligen Straßen und Unterkünften kein Wunder, Ängstliche würden rasch auf der Strecke geblieben sein. Im übrigen habe auch der Strand für Touristen wenig Verlockendes gehabt; eine schmale Sandbucht am Eingang des Dorfs, ziemlich verschmutzt, sonst überall Steine, Geröll. Gerade dieses Geröllband, rund ums Dorf und dahinter, habe aber zur Landschaft gehört, eine rauhe, entschiedene Grenze zum Meer hin, ihm sei das passender erschienen als Sand. Nach einem Regen sei es zudem der einzige Ort gewesen, wo man trockenen Fußes habe gehen können, zwei, drei Kilometer vielleicht, bis zu einem Felsriegel, über den habe man nicht hinübergekonnt. Man sei da aber schon so wacklig gewesen in den Fußgelenken, von der Turnerei über die Steine, daß man nichts dagegen gehabt habe, wieder umzudrehen.
»Es hat also geregnet«, sagt Helen. »Davon hast du noch nichts erzählt.«
Im Winter, doch. Er sei aber schon vorher auf den Steinen gegangen. Er habe das Gepolter unter den Füßen gemocht, auch das Wellengeräusch. Beim Felsriegel habe er sich immer hingesetzt. Manchmal sei es dort so still gewesen wie hier am See: ein kleines, friedliches Plätschern. An anderen Tagen, ohne ersichtlichen Grund, habe das Wasser mit Wucht gegen den Fels geklatscht.
Nein, sagt er, weil Helen ihn danach fragt, niemand außer ihm sei da hingegangen, keiner vom Dorf habe Veranlassung dazu gehabt. Der steile Abbruch über dem Geröll – nichts als Fels und hartes Gestrüpp – habe nicht einmal zur Ziegenweide getaugt. Und spazieren gegangen seien die Leute nur in nächster Nähe des Dorfs, sofern es nicht auch da bloß so ausgesehen habe, und wenn man sie gefragt hätte, hätten sie ein Ziel gehabt, nichts Dringendes vermutlich, etwas, was man tun oder nicht tun konnte: den neuge-

zimmerten Ziegenstall eines Nachbarn besichtigen, dem Beladen eines Boots zusehen.
»Du hast sie um ihre Ziele beneidet.«
»Um die Ziele nicht«, sagt er, »aber um die Art, wie sie gingen. Als gebe es etwas wirklich Wichtiges – etwas, was sie aus dem Schritt bringen konnte – nicht für sie.«
Helen denkt an die Kinder, er hat doch gesagt, es drehe sich alles um sie. Und nun wären sie nicht einmal für die Kinder gerannt? Sie kann es sich schwer vorstellen, doch sie verbeißt sich die Frage. Statt dessen fragt sie, was hinter dem Felsriegel gewesen sei.
»Dasselbe wie davor: Wasser, Geröll.« Zwar habe man nicht hinübergesehen, aber hingelangt sei man durchaus, hinten um die Felsen herum. Wo immer man habe hinkommen können, sei er gewesen, im Umkreis von zwei Stunden habe er alle Wege gekannt. Manche allerdings hätten sich irgendwo verloren, und ohne Weg sei man, der oft mannshohen Macchia wegen, nicht weitergekommen. Er habe es einmal versucht, doch sei es bei dem einen Mal geblieben, denn nur mit Mühe und Not habe er aus der Wildnis wieder hinausgefunden. Die Dornen hätten ihm die Hose zerrissen, auch die Hände; blutend und zerschunden wie nach einer Rauferei sei er nach dem Eindunkeln ins Dorf zurückgekehrt.
Es hat keinen Sinn, auf dem Meer zu beharren, Helen findet sich damit ab. Vielleicht gibt sie ihm sogar recht, was läßt sich darüber schon sagen. Ihr selbst fiele zum Zugersee auch nichts ein, was sie nicht albern und überflüssig fände. Doch will sie nun wissen, ob er auf seinen Gängen in andere Dörfer gekommen sei.
Zum nächsten hätte er vier Stunden zu gehen gehabt, noch dazu auf der Hauptstraße, sagt er, die habe er sich erspart. Auf den Wegen, die er gegangen sei, habe man höchstens mal auf ein Gehöft stoßen können, verlassen oder verlassen aussehend. Sonst weithin nur Land, ungenutzt das meiste, zumindest von der Nutzung unangefochten, ungezähmt.

So hätten seine Wege nirgends hingeführt?
Für die Bauern schon. Es seien ihre Arbeitswege gewesen: ins Holz, zu den Bienenstöcken oder einem versprengten Ölbaum, auch Ziegenpfade. Das ausgedehnte Wegnetz über ihre Hügel habe kaum etwas Zufälliges gehabt; zufällig habe es sich nur ausnehmen können für einen Uneingeweihten wie ihn. Was übrigens die Hügel angehe – Vom Hafen aus, für die Augen, sei es nur ein einziger gewesen. Erst unter den Füßen, wenn man sich auf den Weg gemacht habe, sei er in viele auseinandergefallen, in Kuppen und Senken, ein endloses Auf und Ab.
»Merkwürdig, daß du einmal ein Fußgänger warst. Hat dir das Auto nicht gefehlt?«
»Mir hat gar nichts gefehlt«, sagt er. Und mit einem Anflug von Ungeduld, als habe sie etwas eingewendet: »Vom Gewohnten, meine ich.«

Ein Wehlaut von Lisa, er schaut von den Händen auf. Sie läßt die Zitronenscheibe ins Glas zurückfallen, saugt die Unterlippe ein. Der Schnitt, klar, sie hat nicht mehr an den Schnitt gedacht. Er auch nicht. Hat er Lisa vergessen?
Sie lacht, obwohl das sicher auch weh tut. Einen Augenblick läßt sie die obere Zahnreihe sehen, kleine, kräftige Zähne, dann wieder die Zungenspitze auf den Lippen, und die ganze Zeit schaut sie ihn an. Ihre bräunliche Haut ist gegen die Schläfen hin ein wenig gerötet, er spürt sich schlucken, sie ist schön, und daß er es ihr sagt, gerade jetzt, ist vielleicht unpassend, aber es ist schon heraus.
Nein, Lisa senkt die Augen nicht, sie entläßt ihn nicht aus dem Blick. Nun wird er verlegen, idiotisch, er schluckt auch schon wieder, und gleich wird er grinsen, was kann er denn sonst. Sie hat den Ellbogen aufgestützt und spielt mit ihrem Haar, schlingt es durch die Finger, wie sie es oft tut. Aber daß sie ihn so lang hängen läßt, ist neu.
– In deinem Kopf? Oder siehst du mich?
– Nicht ununterbrochen, das ist wahr.

Brüllendes Gelächter am Nebentisch. Haben die zugehört? Es sieht nicht danach aus, auch wenn man natürlich nie sicher ist. Und dieser lange Mensch, der den Stuhl zurückschiebt, was will der? Er geht Richtung Tür, doch nun bleibt er stehen, zwei Schritte von Lisa, und weidet sie mit den Augen ab, tatsächlich, als wolle er nichts von ihr übriglassen. Sie hat noch die Finger in den Haaren und nimmt sie nicht zurück. Auch das Gesicht läßt sie stehen, wie es steht, hält es ihm einfach hin, weder entgegenkommend noch empört, bis er genug hat und weitergeht. Dafür starrt er selbst sie jetzt an. Ist denn zu glauben, daß so viel Unverschämtheit ihre Züge nicht in Unordnung bringt? Nichts hat sich verschoben darin. Kein Echo, keine Spur von dem Kerl.
– Es macht nichts, weißt du. Ich meine nur. So schön bin ich nicht.
Ihre Brauen sind fast gerade, hat er das schon bemerkt? Und die ersten Härchen neben der Nasenwurzel stehen senkrecht zur Stirn. Sie blinzelt plötzlich, gegen sein Starren vielleicht. Warum kann er sie nicht so ansehen wie sie ihn?
– Deine Mutter fände mich recht gewöhnlich. Bestimmt.
Mutter? Da hat sie wohl recht, Mutter gefiele sie nicht.
– Sie müßte dich gemalt sehen. Kunst, weißt du. Leben ist immer gewöhnlich. Hält ja auch nicht still.
– So denkt sie?
– Denken nicht, sie ist einfach so. Von Haus aus. Hat es nie anders gelernt.
Er legt die Handflächen auf den Tisch, steht halb auf. Den Professorenton, das weiß er, findet er leicht.
– Leben, meine Damen und Herren, ist unhygienisch. Man kann sterben daran.
Lisa lacht laut heraus, und nun ist er betreten, mit Lisa hat das nichts zu tun. Nur daß er den Witz am liebsten zurücknähme, mit Witzen greift man immer zu kurz. Überhaupt sind Aussagen über andere gefährlich, was weiß er denn schon. Es ist wahr, Mutter ist eine höhere Tochter, noch

heute, aber lebendiger als Vater ist sie allemal. Sie mißt sich ihre kleinen Freiheiten zu, hat eine spielerische Renitenz entwickelt gegen seine Autorität.
Hat Lisa gemerkt, was für ein elender Spaßmacher er ist? Sie schaut vor sich hin, undefinierbar. Nun wirft sie den Kopf zurück, wie nur sie es kann.
– Sie sterben auch, oder nicht? Sie sparen umsonst.

– Hirnschlag, Etienne, eine eindeutige Diagnose. Man stirbt an seinem Körper, hinterrücks gefällt: für die Medizin steht das fest.
Sie glaubt nicht daran, nicht bei Stefan. Sein Körper habe, solange sie ihn kenne, seine Zustimmung gehabt. Sie sei absolut sicher, und dafür müßte sie sein Gesicht nicht gesehen haben, daß er mit seinem Sterben einverstanden sei. Nur warum?
– Halten Sie für denkbar, daß jemand sich eines Tages sagt: Ich habe genug gelebt? Und *wenn* es denkbar ist, muß ich nicht zwangsläufig weiterfragen? Hat er mich gebraucht, um das Genug vollzumachen? Oder war ich eine bloße Zugabe, und eigentlich war er schon vorher satt?

Lisa hat das Glas umgestoßen, glücklicherweise ist es leer. Er stoppt es, bevor es über den Tischrand rollt, stellt es wieder vor sie hin. Sie verzieht keine Miene, es scheint sie nichts anzugehen. Nur die Hände hat sie vom Tisch genommen, diese heftigen Hände, hat sie in den Schoß gelegt und lächelt darauf nieder. Oder wenn es kein Lächeln ist, was ist es dann.
– Willst du gehen?
Warum sagt er das. Er will nicht, daß sie geht. Soll sie doch Gläser umwerfen, ihn stört es nicht. Zumindest weniger, als wenn sie so unbestimmt in die Gegend schaut. Hat er sie gekränkt?
– Lisa?
– Ja. Der Fischabend braucht einen Schluß.

– Wenn du willst. Aber ich muß nachdenken.
– Sie gehen nicht zu ihm?
– Diesmal nicht.

Der Wirt begleitet sie durch den Gang zur Treppe. Er bleibt in der Tür stehen, gibt ihnen die Hand, zuerst ihr, dann Stefan. »Ich hoffe, Sie beehren uns wieder«, sagt er. Helen wundert sich über die altmodische Formel. Sie denkt: Er meint Stefan, nicht mich.

Dunkel ist es noch nicht, sie hätte Lust auf einen Spaziergang, irgendwo an einem Waldrand, aber sie hat Absatzschuhe an. Als ihr dann noch einfällt, daß sie seit über vierzehn Stunden drinsteckt, tun ihr natürlich gleich die Füße weh. Später vergißt sie es wieder, doch im Augenblick steigt sie ganz gern ins Auto ein.

Stefan weiß ein Bauernwirtshaus, sagt er, Holztische unter einem Nußbaum, oben am Berg. Er sei da oft mit den Kindern gewesen, habe schon damals den Eindruck gehabt, die Zeit gehe da oben langsamer als bei uns.

Ob er meine, es sei noch da?

Vor drei Jahren habe er es unverändert gefunden. Nur die Jungen von damals nachgerückt und auch nicht mehr jung. »Der letzte Geburtstag meiner Frau«, sagt er. »Sie hatte sich gewünscht, da hinaufzugehen.«

Und nun fährt er also Helen hin, zielstrebig, jeder Abzweigung gewiß. Er kennt den Weg, so ist es immer, er kennt alle Wege, denn wo er sie auch hinfährt, ist ein Damals dabei, *sein* Damals. Er lebt eben schon länger als sie.

Das letzte Stück Straße ist unasphaltiert, gerade breit genug für den Volvo, doch dann steht der Nußbaum wirklich noch da, auch das Haus und die Brettertische, rundum duftet das Gras. Sie setzen sich an den Rand des Vorplatzes, ins verbliebene Licht. Die Bank ist von der Sonne noch warm.

Daß Stefan nun auf die Bäume zu sprechen kommt, hat vielleicht mit dem Nußbaum zu tun. Zum erstenmal, seit er von dort erzählt, stellt Helen Ungeduld an sich fest. Noch

ein Stück Bühnenbild, und immer noch eins, denkt sie, aber die Bühne bleibt leer.
Er läßt dann doch jemanden auftreten, zuletzt: zwei junge Männer mit Handsägen und einer Leiter, direkt vor seinem Balkon. Beauftragt von der Gemeinde vielleicht, oder vom Elektrizitätswerk, hätten sie sich Anfang Winter über die Bäume in seiner Gasse hergemacht. Sicher zwei Drittel der Äste seien ihrer Aktion zum Opfer gefallen, und niemand außer ihm habe auch nur hingeschaut. Wenn die beiden von ihrer Arbeit etwas verstanden hätten, wäre wohl auch nichts einzuwenden gewesen, er habe aber nie etwas Stümperhafteres gesehen. Die Äste seien nur angesägt, dann geknickt, gebrochen und herabgezerrt worden, die Bäume seien als Krüppel zurückgeblieben, mit ausfransenden Aststummeln, die Rinde zerfetzt. Hier bei uns würden die empörten Kommentare sicher tagelang nicht verstummt sein, doch es sei eben dort gewesen, und dort, vor seinem Balkon, habe beides: die Verstümmelung und das Nicht-Hinsehen, die gleiche, für einen Fremden schwer faßbare Selbstverständlichkeit gehabt.
Vielleicht liegt es auf der Hand, daß Helen nun an den Militärputsch denkt, an die Juntaregierung und alles, was man damals aus Griechenland gehört hat. Nur wird ihr gleich bewußt, wie der Gedanke sie von Stefans Erzählung fortrückt. Nicht, weil zu seiner Zeit noch der König an der Macht war, sondern weil ihm selbst jede Weiterung fernliegt. Er meint das Einzelne, nie mehr als das.
Als ihm zu den Bäumen nichts mehr einfällt, fängt er von den Vögeln an. Ganze Scharen von Singvögeln, sagt er, mit denen habe er nicht gerechnet dort. In einer Senke, vielleicht eine halbe Stunde vom Dorf, die er wegen der Macchia lange für unpassierbar gehalten hatte, sei er auf dem verspäteten Rückweg von den Hügeln auf einen Saumpfad gestoßen, quer durch die Wildnis, zum Teil sogar mit Bruchsteinen gepflastert, vermutlich sehr alt. Und in der Talsohle – es sei ein wirkliches Tälchen gewesen, selbst mitten im Sommer

mit einem winzigen Rinnsal von Bach –, in der Talsohle also, wo das Buschwerk am dichtesten gestanden habe, hätten die Vögel zu Hunderten gehaust, es habe da geklungen wie im Sihlwald. Gewöhnlich sei er zwar nicht zur rechten Zeit unterwegs gewesen, um sie zu hören; der Vögel wegen sei er dann aber manchmal auch abends hinausgegangen oder am Morgen früh.

Helen mag Vögel, natürlich, und doch hat sie jetzt genug. Die Idylle unter dem Nußbaum, und nun noch jene alte dazu – Sie gibt sich einen Ruck. Wie er eigentlich hingekommen sei, in sein Dorf? »Mit dem Mietwagen«, sagt er. Erst als er die Wohnung gehabt habe und seines Bleibens sicher gewesen sei, habe er ihn zurückgebracht in die Stadt. Von dort sei ein Bus ins Dorf gefahren, jeden Tag.

»Weit?« fragt Helen.

»Fünf bis sechs Stunden, je nachdem.«

»Je nach was?«

»Wetter, Straßenverhältnisse, auch Unerfindliches. Lange Halte in Dörfern, mal da, mal dort.« Was auch immer der Grund gewesen sei für das Stehenbleiben: die Griechen hätten sich darüber nicht aufgeregt, sowenig wie über die halsbrecherische Fahrt. Immer sei dem einen oder andern schlecht geworden, man habe es hingenommen wie das Wetter, der Schaffner habe einfach Papiertüten verteilt. Vor einer besonders schlimmen Kurve habe man sich bekreuzigt, mitten im Schwatzen, dauernd hätten alle geredet, auch der Chauffeur, und auch er mit den Händen, man habe auf die Gottesmutter vertraut. Sie habe das Steuer gehalten, die schmutzige Frontscheibe durchsichtig gemacht, ohne sie wäre der klapprige Bus auseinandergefallen. Hoheitsvoll und mild, obwohl ihr so viel zu tun übertragen gewesen sei, habe sie während der ganzen Fahrt von ihrem Platz neben dem Rückspiegel herabgeschaut.

Nein, Helen lacht nicht. Seine Stimme hat die Ironie aus den Sätzen gestrichen, Lachen wäre unangebracht.

Ob er öfter in die Stadt gefahren sei?

Nur um sich Geld zu holen. Oder eben für die Kamera. Luxus habe es nicht zu kaufen gegeben im Dorf.
Und wer ihm die Filme entwickelt habe?
Einer in Zürich, danach.
»Vom ganzen Jahr?« fragt sie, und statt zu antworten, nimmt er die Brille ab. Noch immer weiß sie nicht, ob das eine Geste ist, die ihre Gesetzmäßigkeit hat und die sie müßte deuten können. Er reibt sich die Augen, sie schaut weg. Es dunkelt jetzt rasch.
»Ich hatte nach ein paar Wochen genug«, sagt er.
»Fotos? Aber du hattest sie nicht gesehen.«
»Ich hatte sie gemacht.«
»Du hattest sie im Kopf, meinst du?«
»Im Kopf nicht«, sagt er, »auf dem Film. Alles war auf dem Film.«
Er hat die Brille auf den Tisch gelegt und scheint sie vergessen zu haben. Sein Gesicht mit den Augen, die vielleicht nichts sehen – oder sehen, was sie nicht sieht –, setzt ihr so zu, daß sie das eigene verliert. Sie spürt es hart werden, eine Kruste mit befestigtem Lächeln, die auch nicht gleich aufweicht, als er endlich nach der Brille greift. Er streicht mit dem Handrücken über ihren Arm. Er sagt: »Der Bus hat auch die Post gebracht.«
»Nicht für dich«, sagt sie, vielleicht patziger als nötig, aber wenigstens ist nun die Starre weg.
Durchaus auch für ihn, sagt er, als Zuhörer sei er an jedem Ereignis beteiligt gewesen. Und die Postverteilung habe eine so auffallende Abweichung vom üblichen Lärm gebracht, daß er beim erstenmal, um sie sich zu erklären, sogar auf den Balkon hinausgetreten sei.
Er beschwert ihre Hände mit den seinen, hält sie fest auf der Tischplatte, die noch immer warm ist. »Du mußt dir das vorstellen«, sagt er. Er lacht vor sich hin.
»Der Briefträger, weißt du, ist der einzige im Dorf, der sich einen Anstrich von Eile gibt. Wahrscheinlich gehört es zum Beruf, oder zum Bild, das er sich davon macht. Man erkennt

ihn am Schritt, wenn er in die Gasse einbiegt, und wenn man rasch genug beim Fenster ist, kann man ihm zuschauen, wie er noch im Gehen und geradezu schwungvoll die Zeitung für die Krämerin aus der Tasche fischt. Ihr Haus ist das erste an der Ecke, sie steht schon in der Tür, und während er mit ihr schwatzt, gräbt er weiter in seiner Tasche, holt ein Bündel Briefe heraus, und nur in der Lautstärke abgesetzt vom Gespräch mit der Krämerin, das immer weitergeht, kommen die Namen. Ja, wirklich, er ruft sie aus: Katína, Nikó, Tasía undsoweiter, und wenn sie nicht gleich aus den Häusern kommen, ruft die Krämerin mit. Sie lassen sich Zeit, die Leute, die Frauen müssen zuerst die Hände abwischen. Auch für einen Brief, selbst wenn man darauf gewartet hätte, rennt man nicht.«
Es könne sein, natürlich, daß in diesem Fall ihre Gelassenheit damit zu tun gehabt habe, daß viele gar nicht hätten lesen können. Wenn man erst einen finden müsse, der einem vorlese, was der Bruder oder der Sohn aus der Stadt zu berichten habe, komme es auf mehr oder weniger Eile beim Briefträger nicht an. Er denke, daß sie mit den Briefen zum Pfarrer gegangen seien, und so, wie der ausgesehen habe, werde er ihnen wohl vorgelesen haben, was er für richtig hielt.
Er läßt Helens Hände los und lacht wieder. »Ein Feudalherr im ganzen Gehabe«, sagt er. »Wenn er durchs Dorf ging, küßten sie ihm die Hand.«

– Pfaffen, klar. Die wissen immer, was für andere gut ist.
Lisa tut aufgebracht, aber so ernst kann sie es nicht meinen. Sie kichert plötzlich, verschränkt die Arme auf dem Tisch, legt das Kinn darauf. Die Haare fallen ihr übers Gesicht, sie schüttelt sie zurück.
– Hochmütig und reich und gebildet. Hätte der nicht zu Stefan gepaßt?
– So gebildet sind die Pfarrer dort nicht. Reich auch höchstens im Vergleich zu den Armen. Und was Stefan angeht, so

hat er dort nicht den Herrn gespielt, er hat es nicht nötig gehabt. Er ist der Fremde gewesen, der *Andere*: das war ihm Deckung genug. Hier ja, hier sei er ab und zu in die Herrenrolle verfallen, sagt Helen. Er habe sich damit abgeschirmt, wenn man ihm zu nahe getreten sei. Auch vorbeugend: gegen befürchtete Übergriffe. Bestimmt habe jeder, der ihn ein wenig gekannt habe, darum gewußt, aber ihr wäre lieber gewesen, bei allem Verständnis, der Hochmut hätte ihm etwas mehr Mühe gemacht. Es habe ihr durchaus nicht alles an ihm gefallen, doch wenn sie es ihm gesagt hätte, würde er es als Zurückweisung, als Abschied gehört haben. Offenbar habe nie jemand Genauigkeit der Gefühle von ihm verlangt, und so habe er am Ende wohl geglaubt, daß es sie nicht geben dürfe. Ja, und es könne sein, daß sie deshalb jetzt an sein griechisches Jahr denken wolle: es sei das Genaueste, was sie von ihm wisse. Das Äußerste wohl auch, das ihm möglich gewesen sei. Nicht nur damals in jenem Dorf; auch hier, beim Versuch, darüber zu reden.
– Sie hat nicht mit ihm geschlafen.
– Doch.
– Gehört es nicht dazu? Zur Geschichte?
Es gehört dazu, nur hat er es selbst lang nicht gewußt. Man kann doch danach nicht fragen. Schläft Vater noch mit Mutter? Er weiß es nicht. Es interessiert ihn auch nicht besonders, während bei Stefan – Die Klischees, klar. Einmal ist es aus, man macht Witze darüber; aber niemand sagt einem, wann.
– Noch im Sommer habe er ein Kind gewollt.

Sie haben getanzt, zu einer Mozart-Platte, er ist zum erstenmal in ihrer Wohnung mit ihr. Es ist Sonntagabend, Stefan ist heiter, schon fast ausgelassen, am Nachmittag hat er die griechische Geschichte zuende gebracht. Er sagt: »Warum eigentlich setzt du die Pille nicht ab?«
»Du lieber Gott, Stefan, ich bin über vierzig.«
»Und ich erst«, sagt er, und dann lachen sie beide, so gelacht

haben sie zusammen noch nie. Auf das Kind kommt er aber zurück.
»Es würde mongoloid«, sagt sie.
»Es würde nicht.« Er sagt es so sicher, daß sie es sofort glaubt. Er ist stark im Wünschen, sie weiß es, er ist imstande, sie damit schön zu machen, warum also nicht ein Kind gesund. Sie will trotzdem keins, und sie möchte es ihm erklären. Weil aber die handfesten Gründe bereits erschöpft sind und Stefan vermutlich fürchtet, alles Weitere ginge ihm zu weit, sagt er: »Nein ist genug.«
Möglich, daß er das Kind für sie gewollt habe, sagt Helen, er selbst habe ja welche gehabt. Vielleicht sei er der Meinung gewesen, Frauen wie sie seien mit einem Makel behaftet, und habe sie befreien wollen davon.
– Das Kind für mich, und für ihn das Verschwinden. Hat er sich das so gedacht?

– Im Sommer, sagst du? Es wäre noch nicht einmal geboren. Sie ginge herum mit dem dicken Bauch, während er – Gemein, richtig gemein.
Lisa funkelt ihn an, wie wenn er schuld wäre an diesem Kind. Das es ja gar nicht gibt, auch nie geben wird. Eine bloße Möglichkeit, und gestrichen: was liegt noch daran?
– Natürlich hätte er für das Kind gesorgt.
– Ach, wirklich? Wie großartig von ihm.
Lisa ist voreingenommen, sie kann Stefan nicht leiden. Oder was bringt sie so auf, daß sie ganz unkenntlich wird? Diesmal meint sie es ernst, er hat sie noch nie so gereizt gesehen. Zwar lacht sie gleich, ihm zuliebe wahrscheinlich, oder über sein betretenes Gesicht, aber es wird eine Grimasse draus, und keine lustige; böse, schon fast häßlich sieht sie aus. Er müßte etwas sagen, damit sie wieder Lisa wird. *Entschuldige?* Aber was denn? Daß er das mit dem Kind erzählt hat? Sie hat es doch wissen wollen. Oder hat sie sich vorgestellt, er hätte anders erfahren können, daß die Geschichte keine platonische war?

Sie hat einen Schluß für den Fischabend gewollt. Das ist nun wohl nicht der richtige gewesen, aber sie will keinen andern, nicht mehr. Sie wühlt in ihrer Tasche, sieht auf die Uhr. Für heute, scheint es, hat sie ihn gründlich satt.
– Wann kommst du von deiner Tour?
Ihre Stimme ist noch ein bißchen schartig, aber wenigstens hat sie die Pfeile in die Augen zurückgeholt. Sie schaut wieder freundlich, oder meint er es nur? Vielleicht hält sie ihm einfach das Gesicht hin, wie vorhin diesem Kerl: einen Schild. Was dahinter ist, weiß man nicht.
– Ich könnte hinuntersehen und dich reinlassen.
Nein, nicht morgen früh. Er wird umfallen vor Müdigkeit. *Jetzt* möchte er mitgehen, gerade jetzt. Lisa ist fremd und undurchsichtig, wenn er sie näher hätte, wäre alles anders. Aber nach einer Nacht im Taxi? Einmal muß man doch schlafen. Wenn er dort einschläft – Im Schlaf sieht man lächerlich und hilflos aus. Und ist Lisas Bett überhaupt breit genug für zwei?
– Du mußt gehen.
Es ist höchste Zeit, sie hat recht. Er fädelt den Reißverschluß der Jacke ein. Die vom Nebentisch sind noch alle da.
– Gegenüber der Haustür, ist da Licht?
– Ich seh dich bestimmt.
Er legt zwei Franken neben die Tasse. Lisa bleibt sitzen. Sie sieht aus, als freue sie sich.

IV

Ernst ist einsilbig, er redet nur, wenn er muß. Verstanden, sagt er, wenn er über den Sprechfunk eine Adresse bekommt, und wenn ein Fahrgast ihm eine nennt, sagt er gar nichts, fährt einfach los. Den ganzen Abend hat er noch nie gefragt: Wo ist das, wie kommt man da hin. Er hat die Stadt im Kopf, auch sicher sonst noch alles mögliche, bloß daß man davon nichts erfährt. Ein Lehrling, sagt er lakonisch, um die doppelte Besatzung zu erklären; ganz falsch ist es nicht, aber ein bißchen kränkend eben doch.
Ob er auch so sein wird, wenn er ein paar Jahre gefahren ist? Über Ernst witzeln sie nicht. Dabei ist er kleiner als die meisten und sieht eher schwächlich aus. So eine Haut wird er selbst bald haben, klar. Zuwenig Luft und zuwenig Schlaf. Er gähnt ja schon jetzt.
– Laß diesmal mich.
Er läuft um den Wagen herum, Ernst hält ihn nicht auf. Das Trottoir glitzert verdächtig, er versucht zu schlittern, es geht. Vor der Tür fährt er sich mit den gespreizten Fingern durchs Haar.
– Taxi.
Vielleicht klingt es nicht professionell genug. Die Bar ist klein, aber keiner rührt sich, keiner schaut auch nur auf. Er fühlt sich deplaziert. Soll er nochmals *Taxi* sagen? Er schaut den Barkeeper an und macht den Mund wieder zu. Sein Typ ist nicht gefragt hier, das steht fest.
Warum hat er die Tür mit der Aufschrift RESTAURANT nicht gesehen? Gut, daß da jemand herausgekommen ist. Aber nun muß er die erst vorbeilassen, zwei alte Leute, der Mann geht am Stock. Ernst wird sich wundern, wie lange er braucht; er hat mit seinem Lehrling kein Glück.
– Taxi?
Die alte Frau sagt es, so leise, als sei die bloße Frage eine Zumutung. Sie sieht an ihm vorbei, ihr Kopf zittert, langsam

und sich oft zurückwendend geht sie dem Mann durch den Gang voraus. Auf die naheliegende Idee, das könnten die Kunden sein, kommt einer wie er natürlich nicht. Hätte sie hinausgehen lassen, um im Restaurant wieder sein *Taxi, Taxi* herzusagen. Ob Ernst mit dem Wegfahren auf ihn gewartet hätte? Sicher ist das nicht.
Er beeilt sich, zum Ausgang zu kommen, er muß ihnen die Tür aufhalten, wenigstens das. Er drückt sich an die Wand, damit sie bequem vorbeikönnen, aus der Bar heraus schreit einer: Es zieht. Die Frau zuckt zusammen, sie geht jetzt hinter dem Mann. Der zögert an der Schwelle, bevor er sich entschließt, einen Fuß hinüberzusetzen, dann den Stock, und nach einem neuen Zögern den andern Fuß. Die Frau wartet, nervös vielleicht, denn als der Mann draußen ist, folgt sie so rasch, daß sie beinahe fällt.
– Vorsicht, es hat gefroren.
Das ist Ernst. Er hat die hintere Wagentür aufgerissen und ist mit zwei Schritten zwischen den beiden, faßt sie unter, den Mann links, die Frau rechts, und während er noch immer im Eingang steht, sich von der zufallenden Tür aus dem Haus schieben läßt, steuert Ernst die zwei zum Taxi, hilft ihnen hinein. Sie sind schon versorgt und die Türen zu, als er endlich aufhören kann zu starren, und nun rennt er und steigt selber ein, schafft es sogar eine Sekunde vor Ernst.
Es hat zu schneien begonnen. Draußen hat er es nicht bemerkt, doch jetzt, weil er es sieht, meint er sich zu erinnern, daß er es gespürt hat: ein Prickeln im Gesicht, während er stand und starrte; oder denkt er sich das nur aus? Man müßte wissen, ob die Haut ein Gedächtnis hat. Für unmöglich hält er es nicht.
Komisch, er hätte geschworen, daß es heute zu kalt ist zum Schneien. Kein Wunder, dieser trockene Schnee. Die Scheibenwischer kehren ihn fort wie Sand, und was außerhalb ihres Bereichs auf die Scheibe fällt, rieselt und stiebt von selber weg. Schon ist die Fahrbahn ein wenig aufgehellt, das Gestreusel bleibt liegen, dünn vorerst und nicht ein für alle-

mal; aber was sich von den Autos aufwirbeln läßt, setzt sich dahinter wieder ab.
– Kein Wetter für alte Leute.
Der Mann mit dem Stock. Seine Stimme ist nicht in Ordnung, ein heiseres Krächzen, das aber merkwürdigerweise fröhlich klingt. Am Ende macht ihm der Schnee doch Spaß? Hat ja auch Augen, nicht nur Füße, und solange er drinnen sitzt –
Warum muß man alt sein, sagt die Frau. Sie sagt es so leise, wie sie vorhin nach dem Taxi gefragt hat. Hält vielleicht alles, was sie fragen kann, für eine Zumutung. Eine Antwort bekommt sie diesmal nicht, wer wäre zuständig. Und hat sie denn wirklich gefragt?
Schon fast tot, sagt sie, noch leiser und nun endgültig ohne Fragezeichen. Es hört sich nicht einmal wie eine Klage an, doch wenn er sagen müßte, wie was sonst, käme er in Verlegenheit.

– Mich macht Leben müde, Etienne, und nicht erst jetzt.
Früher habe sie sich noch einzureden versucht, sie lebe heftiger als andere, deshalb. Aber es sei ja nicht wahr, es strenge sie nur mehr an.
– Bei wem sonst gibt's denn das, daß er für jeden Tag seine ganze Kraft braucht, noch für den ereignislosesten; aufbraucht bis zum letzten Rest.
Stefan habe leicht gelebt, fast spielend. Ja, sicher, müde sei er manchmal auch gewesen, aber nie erschöpft, nie ausgeleert. Sein Kraftkapital, wenn man so sagen könne, sei unangetastet geblieben, er habe von den Zinsen gelebt, und nicht etwa sparsam. Und jetzt?
– Ich bin müde, und er liegt da. Vernünftige Reihenfolge? Eine sonderbare Vernunft.

Der Atem der alten Frau rasselt, plötzlich hört er nichts als das. Er schlägt die Beine übereinander, verschränkt die Arme, bekommt trotzdem eine Gänsehaut. Kalt, das ist es, das Geräusch macht ihm kalt. Klirrt der alten Frau der Frost aus dem Hals? Die Fröste ihrer schätzungsweise achtzig Winter? Wenn sie an jedem ein wenig gestorben ist –

Nein, Helen hat nicht recht, oder nicht für ihn. Er spürt die Kälte auch, klar, aber daß sie ihm etwas wegnähme, etwas Unersetzliches, spürt er nicht. Er weiß, daß er sterben wird, wie es jeder weiß. *Wird* heißt aber später, irgendwann. Zuerst kommen die Großväter, die Alten, die zwei da im Fond.

Man wird selber alt, auch das weiß man. Nur eine Katastrophe würde einem das Altwerden ersparen. Man weiß es, aber man kann es sich nicht vorstellen, das Alter noch weniger als die Katastrophe. Und die Eltern mit achtzig? Er sieht sie nicht. Hat ihnen zwanzig Jahre beim Älterwerden zugesehen und kann doch nicht extrapolieren.

Zugesehen stimmt nicht. Es geht ja so langsam, daß einer, der immer dabei ist, beim besten Willen nichts sieht. Dabeisein ist der Trick. Angenommen, es würde einen, beim Zähneputzen eines Morgens, aus dem Spiegel der Mann ansehen, der man in fünfzig Jahren sein wird: man würde nicht zu halten sein vor Schreck. Man will nicht plötzlich verwandelt sein, man hält es nur mit den winzigsten Progressionen aus. Obwohl am Ende dasselbe dabei herauskommt: ein alter Mann.

– Was haben Sie vor fünfzig Jahren gemacht?

Eine ungehörige Frage, versteht sich. Den Lehrling eines Taxifahrers geht das nichts an. Möglich, daß der Blick von Ernst ihm das bedeuten will, doch der Mann mit dem Stock nimmt es nicht so genau. Er legt die Hand auf das Knie der Frau, läßt sie da einfach liegen, als er mit seiner ramponierten Stimme sagt: Holz gefällt. In Kanada. Fast bis zum Krieg.

– In Kanada?

– Hier war's bös mit der Arbeit damals.

Er scheint nicht zu denen zu gehören, die gleich überlaufen, wenn man an den Deckel rührt. Er setzt sich in seine Ecke

zurück, faßt den Stock wieder mit beiden Händen, und nur die Frau sagt noch, leise wie bisher, und man weiß nicht, zu wem: Jungsein ist auch nicht genug.
Ernst grinst vor sich hin. Wahrscheinlich gönnt er ihm die Zurechtweisung, aber war es denn eine, und nur für ihn? Ernst fühlt sich nicht betroffen, hat ja auch noch anderes zu tun. Auf die Straße aufpassen, zum Beispiel, die Sicht ist schlecht. Der Schnee fällt immer dichter, die Fahrbahn ist, von den Radspuren abgesehen, schon fast weiß.
Das Schnaufen der Frau ist nicht mehr so laut. Überhaupt ist es ungewöhnlich leise im Wagen; der Stadtlärm, sogar das Geräusch des Motors wie abgedämpft. Eine Täuschung vielleicht, über die Augen. Weil das Gestöber draußen an Sanftes, Lautloses denken läßt. Als sei man allein unterwegs, woanders, zu einer andern Zeit.

– Erinnern? Ein gemalter Vorhang vor der Leere, was sonst.
Helen hat es ihm an den Kopf geworfen wie eine Beschimpfung, dabei war *sie* es doch, die an dem Vorhang malte, nicht er.
Ob er meine, sie würde es aushalten mit dem Mann im Spital, wenn sie ihn nicht hinter dem Vorhang verschwinden ließe? Nichts als Hokuspokus, aber allemal erträglicher als die Realität auf dem Bett. Sie wolle sich den Stefan, den sie gekannt habe, nicht ungültig machen lassen durch den dort. Sie halte den andern fest, obwohl –
– Blauer Dunst. Der Geist, der aus der Flasche heraus ist, sozusagen. Fangen Sie den mal ein.
Trotzdem: sie strenge sich an. Sie spinne ihr Garn – so nenne man das doch –, und wenn auch Stefan darin nicht mehr zu fangen sei, irgendwas fange sich immer,
– und mit irgendwas, sehen Sie, verstellt man die Leere besser als mit nichts.
Der Zynismus hat ihre Stimme schrill gemacht, einen Augenblick ist sie ihm unangenehm gewesen, unsympathisch

geradezu. Aber hat er nicht froh sein müssen, daß sie nicht weinte. Was hätte er gesagt oder getan? Nichts, wahrscheinlich, würde sich nur weit fort gewünscht haben. Jemanden weinen sehen, so ganz aus der Nähe, wer hält das denn aus.

Sie hat es ihm erspart, ist auch glücklicherweise nicht beim Zynismus geblieben. Möglich, daß sie ihn selbst verwünscht hat, denn sie hat den Kopf zurückgeworfen, plötzlich, ein wenig wie Lisa. Aber bei Lisa, vielleicht weil die Haare fliegen, wirkt es nie so schroff.

– Ein Abend, Etienne, noch einer. Wollen Sie?

Sie sei direkt vom Büro gekommen, ausnahmsweise sogar pünktlich. Stefan habe im Garten gedeckt gehabt und ein paar Brote zurechtgemacht. Der Tisch mit dem weißen Damasttuch sei mitten im Rasen gestanden, festlich habe es ausgesehen: das Porzellan, die feinen Gläser, aber doch irgendwie unwirklich, opernhaft, so daß sie, bevor sie sich hingesetzt und es vergessen habe, sich wie auf einer Bühne vorgekommen sei.

»Deine Nachbarn werden sich wundern.«

»Die Büsche sind dicht«, sagt er, und er muß es ja wissen. Der Garten bedeutet ihm viel; schon das erstemal, als sie da war, hat er sie herumgeführt. Die Blautanne habe ihm seine Frau geschenkt, zum vierzigsten, hat er gesagt. Die Birken seien ein paar Jahre älter, so alt wie das Haus.

Kann sein, daß es die Blautanne ist, schräg hinter Stefans Rücken, die sie vom Essen ablenkt. Irgendwo muß sie ja die Frage aufgelesen haben, die sie nun zwischen zwei Bissen stellt, als sei sie unaufschiebbar, mitten hinein in sein erstauntes Gesicht.

»Und sie? Wie ist sie zurechtgekommen in jenem Jahr?«

»Ich weiß nicht«, sagt er. Und weil sie jetzt ihr Brot hinlegt, tut er es auch. »Ich weiß es wirklich nicht.«

»Du hast sie nicht gefragt?«

»Ich habe ihr den Tag meiner Rückkehr mitgeteilt, und sie war da. Sie hat auch nichts gefragt.«

Das will Helen nun nicht begreifen, ganz und gar nicht. Sie ißt ihr Brot zuende und dann noch eins, kaut auf der Unbegreiflichkeit herum, die will aber nicht hinab.
»Ihr habt so getan, als ob nichts gewesen wäre? Habt es ausgehalten mit diesem blinden Fleck, all die Jahre danach?«
Schulterzucken, Lachen. Es geht sie nichts an, wird das wohl heißen. Oder sie will mehr wissen, als er selber weiß.

Ernst hat ihn angestoßen, zufällig vielleicht; muß sich ja ziemlich verrenken, wenn er das Wechselgeld nach hinten geben will. Oder soll er was tun? Aussteigen, klar, den Alten die Tür aufmachen.
Aufs Geratewohl streckt er die Hand hin, und tatsächlich: die Frau hält sich daran fest. Das Trottoir ist zugeschneit, sie krallt sich in seinen Arm und gibt ihn bis zur Haustür nicht mehr frei. Der alte Mann humpelt ohne Hilfe hinterher.
– Das kann ja heiter werden.
Ernst sagt es weniger zu ihm als ins Funkgerät, aus dem es nervös und ungeduldig herausschnarrt. Er lacht, die Funkstimme beruhigt sich, er bekommt seine Adresse. Daß er sie diesmal wiederholt, bevor er sein *Verstanden* sagt, ist vielleicht auch als Beruhigung gedacht.
– Komisch, daß man seine Lebensfähigkeit überlebt. Das heißt, komisch nicht. Eine Monstrosität.
Ernst zuckt nicht einmal die Achseln. Nicht sein Interessengebiet. Ob er eins hat? Worüber redet er, wenn er redet, und mit wem?
– Frag sie, ob sie lieber sterben wollen. Die leben ganz gern.
Also doch eine Antwort, mit Ernst kenne sich einer aus. Will er sagen, daß man sich gewöhnen kann, sogar daran? Schon fast tot, hat die Frau gesagt. Muß man da nicht folgern, daß sie meint: besser als *fast* wäre *ganz*?
Ernst grinst. – Du verkehrst nicht mit den richtigen Leuten.

Er reagiert nicht, er schaut hinaus in den Schnee. Lachen hätte er sollen, im Sommer hat er zu den Sticheleien gelacht. Nun glaubt Ernst womöglich, er wolle ihn nicht gehört haben, und ist beleidigt. Soll er sagen: Verstanden? Besser nicht, ist ja sowieso zu spät.

»Einmal möchte ich wissen, was es bei dir so denkt.« Solche Sätze habe Stefan gesagt, aber immer zuallerletzt, wenn sie schon im Gehen und das Antworten nicht mehr möglich gewesen sei. Er sei auch nie darauf zurückgekommen, zu gelegenerer Zeit, habe offensichtlich eine Antwort gar nicht gewollt. Sie habe an die Buben gedacht, die an der Tür klingeln und dann weglaufen, nur daß Stefan bestimmt nichts ferner gelegen habe als Fopperei. Vielleicht habe er ihr sagen wollen, er habe bemerkt oder glaube daran, daß hinter der Tür etwas sei – freundlich gemeint, aber die Freundlichkeit gleich durchkreuzt. Denn daß es ein Satz zum Abschied gewesen sei, ein letzter, habe ja deutlich besagt, daß er schlafen konnte, heute und immer, ohne etwas darüber zu wissen. Sicher sei, daß wenn sie selbst darauf zurückgekommen wäre, er sie nicht hätte reden lassen. Immer habe er gefürchtet, es könnte zuviel gesagt werden, alles zuende gesagt, und was wäre dann noch zu erwarten geblieben. Nein, ausgesprochen habe er das nicht; um so schlimmer für sie.

Menschenskind, so darf man doch nicht bremsen bei diesem Wetter, klar schlägt der Wagen aus. Ernst knurrt. Mitten auf der Fahrbahn steht einer und winkt, völlig verrückt, was hat der von einem Taxi, wenn er drunterliegt. Ernst schaltet die Schildbeleuchtung aus, die hat er vergessen, ist also auch nicht perfekt. Er kurvt um den Mann herum, der schüttelt die Fäuste und brüllt hinter ihnen her, dick und lächerlich, ein Schmieren-Falstaff.
– Der soll mal zu Fuß gehen, tut ihm gut.
Peinlich, wie falsch das harmlose Sätzchen klingt. Hat er es

gesagt, um Ernst zu gefallen? Als ob jeder alles sagen könnte. Ein anderer an seiner Stelle würde so reden, meint er, doch selbst wenn die Annahme weniger zweifelhaft wäre: warum probiert er sich fremde Sätze an? Die Menge der Aussagen, die in jemandes Mund passen, ist begrenzt, eine Stilfrage, sagt Vater, jeder hat seinen Stil.
Aber Stil ist ja ein Formprinzip, und um Formales geht es höchstens am Rand. Vater natürlich, der ist darin groß. Ihm käme nie in den Sinn, geborgte Belanglosigkeiten zu sagen, die dann als Lügen herauskommen. Er weiß, was zu sagen ist, und sagt es, ohne Nebensachen, aber erschöpfend, so daß nichts zu sagen übrigbleibt. Auch wenig zu denken, weil Vater nie etwas offenläßt, nicht das geringste Vielleicht. Indem er sich eines Themas annimmt, schafft er es aus der Welt. Télos kai teleía.
Das würde sogar Stefan verstehen.

Von einem Bild war die Rede. Ein Bach, drüber ein Holzsteg, herbstliche Buchen rundum, eine untergehende Sonne. Hier hänge man sich Kap Sounion an die Wand, dort also den deutschen Wald. Es sei das einzige Bild im Zimmer gewesen, ein kleines Ölbild, von einem Herrn Bussmann mehr schlecht als recht gemalt. Er habe sich nicht vorstellen können, wie es in das Dorf gelangt sei, würde es auch gern von der Wand genommen haben, nur hätte er damit seine Vermieter gekränkt. Sie seien zwar nie hereingekommen, doch hätten sie durch die Tür das Fehlen des Bilds bemerkt; alle zehn, vierzehn Tage nämlich, mit großzügiger Unregelmäßigkeit, hätten sie ihm frische Leintücher gebracht.
Er würde bei ihnen auch lieber draußen geblieben sein, wenn er nur gewußt hätte, wie. Wenn er mit der Schmutzwäsche gekommen sei, anderntags, oder wie lange er es auch hinausgeschoben habe, hätten sie mit unnachsichtiger Freundlichkeit auf seinem Eintreten beharrt. Er sei zum Sitzen genötigt worden, die Frau habe Ouzo oder Kaffee gebracht, und beide hätten sich zu ihm gesetzt, in aller Seelen-

ruhe, als habe er sie nicht bei einer Tätigkeit unterbrochen, als seien er und sein Besuch das einzige, was sie sich aufgegeben hatten für diesen Tag. Als er eingesehen habe, daß er sich um diese mühselige halbe Stunde nicht drücken konnte, habe er jeweils das Wörterbuch mitgenommen, um in der Lage zu sein, ab und zu auch etwas zu sagen. Sie hätten sich über seine kleinen Sätze gefreut wie über die ihrer Enkel, zuerst sei es ihm überaus peinlich gewesen, doch mit der Zeit habe ihm das Dummsein nichts mehr ausgemacht.

Einmal habe er sich sogar überwinden können, sie nach den Dingen unter dem Muttergottesbild zu fragen. Die seien ihm schon beim erstenmal aufgefallen, eine schäbige Sammlung auf einem Wandbrett, und eben wegen ihrer Schäbigkeit anrührend und nicht zu übersehen. Ein Lorbeerzweig vom Palmsonntag, ein Wattebausch von der Ölweihe, ein rotes Osterei, das zuerst gefärbte, und der Rest von der Osterkerze: mehr habe er sich leider nicht gemerkt. Wie immer sei ein Großteil ihrer Erklärungen zu wortreich ausgefallen für ihn, und wenn er meine, verstanden zu haben, daß all die Sachen dagelegen hätten, um Haus und Familie zu schützen, vor Tod und Teufel und vor allem Übel, brauche das durchaus nicht richtig zu sein.

Ihr Zimmer übrigens, Wohnraum und Küche in einem, sei größer gewesen als seins, aber so vollgestellt, mit Stühlen vor allem – etwa ein Dutzend Stühle, dazu noch ein Sofa –, daß man sich kaum habe bewegen können darin. Die Stühle seien für die Gäste dagewesen, für mögliche Gäste, und fast zwangsläufig habe man angesichts der freien Plätze an eine schlecht besuchte Veranstaltung gedacht.

»Wir haben alle zu viele Stühle.«

»Vielleicht. Aber unsere warten nicht mehr.«

Darüber denkt Helen nun nach, während Stefan den Tisch abräumt. Sie schaut zu, sie macht nie die Hausfrau bei ihm, es ist *sein* Haus. Er trägt das Tablett über die Terrassentreppe hinein, Gläser und Wein hat er stehen lassen. Als er wiederkommt, bringt er eine zweite Flasche mit.

»Ein Abend zum Feiern.«
Er hebt ihr das Glas entgegen und lächelt, zu den Birken hinüber vielleicht. Es sind drei, weit hinten auf dem Rasen; sie sind so hoch, daß fast das ganze Grün der Kronen über dem Hausschatten liegt. Ein wenig dreht sie den Stuhl, damit sie die Rosen sieht, die Terrassenmauer ist überwachsen davon. Zwar sind sie erloschen – immer, wenn sie kommt, sind sie schon im Schatten –, aber wenn sie lange genug hinsieht, glühen sie am Ende doch.
»Katzen.«
Helen nimmt den Blick von den Rosen weg. Gibt es Katzen hier? Sie sieht keine, hört nur ein paar Spatzen lärmen, vorn bei der Tür.
»Hast du je eine über ein Dach spazieren sehen? Hier?«
»Wahrscheinlich sind die Dächer nicht danach.«
Er habe das Mehllager des Bäckers gegenüber gehabt, das Dach auf der Höhe seines Balkons, und weil die Ziegel geklappert hätten, wenn eine vom Baum hinübergesprungen sei, habe man den Auftritt nicht versäumen können.
»Lauter kleine Raubtiere. Zierlich und flink und scheu. Nicht gehegt und gepflegt wie hier, aber deshalb auch kaum unterworfen. Sowenig wie die Hunde.«
Dutzende von Hunden habe es gegeben, sicher einen auf jedes Haus, obschon er bei den wenigsten hätte herausfinden können, in welches oder ob sie überhaupt in eins gehörten. Ohne Zudringlichkeit, scheu auch sie, durch ein kleines Aufstampfen in die Flucht zu jagen, seien sie auf Schritt und Tritt, von Gasse zu Gasse zugegen gewesen. Sie regelmäßig zu füttern, wäre dort keinem in den Sinn gekommen, man habe sie nach Abfällen herumlaufen lassen. Mit uneingeschränkter Bewegungsfreiheit, nie angekettet, nie eingesperrt, hätten sie vor allem sich selbst gehört. Ihr Zusammenleben mit den Menschen habe immer einen Anstrich des Freiwilligen gehabt, und wenn man auch bestimmt nicht ganz habe aufeinander verzichten wollen, so habe man sich doch nicht allzu dringend gebraucht.

»Warst du schon einmal auf dem Land in den Ferien? Als Städter fühlt man sich wie im Zoo. So ein Hühnerhof zum Beispiel. Hast du mal einem Hahn zugesehen, wie er kräht?«
Zu antworten braucht sie nicht, er wirft sich schon in Positur. Er bläst sich auf, er hält die Luft an, bis er rot wird im Gesicht, dann ruckt er blitzschnell mit dem Kopf hin und her, streckt den Hals, daß es ihn fast aus dem Sessel hebt, und stößt plötzlich das Kinn nach vorn. Zwar den Ton zum Bild erspart er sich, aber sie lacht ohnedies. Es schüttelt sie so, daß sie das Glas abstellen muß, und noch während sie sich schneuzt, fallen ihm die Geißböcke ein.
»Über die könntest du erst lachen: nichts als gekränkte Würde. Werfen den Kopf auf und bohren den Bart in die Luft, als wollten sie endlich die eigenen Hörner sehen. Dabei referieren sie vor sich hin, lange, hochmütige Meckerreden, oft hat man sie bis ins Dorf gehört. Nur hinter dem Friedhof, immer an derselben Stelle angepflockt, habe ich manchmal einen getroffen, bei dem man nicht einmal mehr hat lachen mögen. Der ist so scharf geladen gewesen, mit Bosheit und Verachtung – das tat schon fast weh.«

Die Frau muß hinter der Haustür gewartet haben. Ernst hat kaum angehalten, und sie steht mit ihrem Koffer schon da. Nein, sie läßt ihn nicht aus der Hand, obwohl er offensichtlich schwer ist; sie wuchtet ihn schnaufend auf den Hintersitz. Das ist nicht erlaubt, aber Ernst sagt nichts. Mit unbewegtem Gesicht sieht er zu, wie sie sich daneben zwängt, bevor er, geradezu behutsam, die Tür hinter ihr schließt.
Zum Bahnhof will sie, natürlich, und ihre Stimme läßt keinen Zweifel, daß sie kein weiteres Wort zu verlieren gedenkt. Ihre Ruhe will sie haben, die kriegt sie umsonst. Oder meint sie vielleicht, Ernst rede ausgerechnet mit ihr?
Sie hat Angst. Hätte er es wissen müssen, ohne sich umzudrehen? Wer ist denn darauf gefaßt. Gleich hat sie sich noch

um eine Spur aufrechter hingesetzt, hat die Lippen noch mehr verkniffen und zu atmen aufgehört. Er hat sich sofort zurückgedreht, klar, doch nun spürt er ihre Angst im Rükken, der ganze Wagen ist voll davon, behaglich ist das grad nicht. Die spinnt ja, die bringt fertig, daß man sich als Ungeheuer fühlt. Sieht er gewalttätig und zum Fürchten aus? Oder Ernst?

Du Ungeheuer. Lisa hat es gesagt. Geflüstert? Den Mund an seinem Ohr.

Vielleicht wird er doch nicht zu müde sein.

Du liebe Zeit, er muß etwas anderes denken. Nochmals zurückschauen, das hilft. Zwar nicht der Frau, der ist nicht zu helfen, die wird erst wieder atmen, wenn sie draußen steht. Warum bleibt so eine nicht zuhaus.

Noch nicht einmal elf, und er denkt an Lisa. Nein, er denkt nicht. Er muß auf die Straße achten, dafür ist er hier statt im Bett. Bis jetzt ist aber kaum etwas neu gewesen, soviel er bemerkt hat. Und die Zufahrt zum Bahnhof kennt er sowieso.

Dieser Schnee. Fällt so sachte, daß man ihn nicht fallen sieht. Die Flocken hängen unter den Lampen wie Mückenschwärme, wirbeln durcheinander, festgehalten vom Licht. Fallen aber doch, versteht sich, warum wäre die Straße sonst weiß. *Alles* ist weiß, und wenn's so weitertut bis morgen –

Ob sich wohl jemand kümmert um Stefans Haus? Bei der Kälte muß man doch heizen, sonst frieren die Leitungen ein. Die Putzfrau vielleicht; sofern sie ihr den Schlüssel gelassen haben.

Sobald es ums Erben geht, werden die Leute heikel, hat Helen gesagt, sie trauen keinem mehr, kaum sich selbst. Sie kenne zwar Stefans Verwandte nicht, doch sei es wohl überall dasselbe. Einmal, beim Tod ihres Großvaters, habe sie es aus der Nähe erlebt.

– Wenn er erst tot ist, geht alles ganz rasch.

Sie hat einen Punkt fixiert, hinter ihm an der Wand, als sehe sie es dort. Die Beerdigung zuerst, in allen Ehren und mit dem Aufwand, den man einem wie Stefan schuldig ist. Danach, weil doch einmal alle beisammen sind, große Lagebesprechung, gedämpft natürlich, an seinem Tisch zwischen Kamin und Terrassentür. Kinder kann man dabei nicht brauchen, deshalb schickt man sie weg. Sie sitzen in einem der andern Zimmer zusammen, leise vermutlich, weil es sich so gehört. Vielleicht stöbert aber doch eins ein wenig herum, der Schorsch zum Beispiel, in Großvaters Estrich findet sich immer was. Eine Familienbibel etwa, wo hinter alten Daten altmodische Formeln stehen: *wurde in die Ewigkeit abberufen, schlossen den Bund fürs Leben, erblickte das Licht der Welt.* Angenommen, das ist was für den Schorsch, so ein dickes, verstaubtes Buch. Da verliert er vor Eifer bestimmt ein wenig den Kopf und platzt damit zu den Großen hinein. Nach längerem Hin und Her, bei dem man sich einig wird, daß der Fund nur Gefühlswert hat, bekommt er die Erlaubnis, ihn zu behalten: ein Andenken an den Großvater, trag Sorge dazu. Doch dann werden trotz der Erlaubnis alle dem Buch nachsehen, als sei es ihnen gestohlen worden, der Schorsch muß sich ins entfernteste Zimmer retten, um ihre Blicke zu vergessen und später, wenn nach ihm gerufen wird, auch das dicke Buch. Es bleibt zurück mit den anderen Dingen, das Haus wird geschlossen, der Schlüssel einem Sachwalter in die eidgenössisch geprüften Hände gelegt, und alles nimmt seinen rechtmäßigen Lauf. Die Möbel, der Hausrat, das Klavier, die Teppiche, zu gut natürlich für die Heilsarmee, werden versteigert, die Bücher, mit oder ohne Bibel, gehen en bloc an einen Antiquar. Inzwischen haben sich auch Interessenten für das Haus eingestellt, sie gehen mit taxierenden Blicken durch die Zimmer, es finden Verhandlungen statt, und wenn endlich der rechte Käufer gefunden und die Handänderung geregelt ist, atmen alle erleichtert auf.

– Es ist nichts dagegen zu sagen, Etienne. Die Lebenden haben immer recht.

Vielleicht ziehe eine Familie ein, mit Kindern, Zimmer gebe es ja genug. Der Vorgänger sei ausgeräumt, sie würden nicht nach ihm fragen. Wozu auch? Einer sei gegangen, sein Platz sei frei geworden, man nehme ihn ein. So viele Plätze seien nicht verfügbar, daß man einen unbesetzt lassen könne aus bloßer Sentimentalität. Es wäre auch schade um das schöne Haus.

– Was heißt schon *fremde Leute*? Sie ziehen ein, und es wird *ihr* Haus. Auch ihr Garten. Sie sitzen unter den Birken, ernten die Aprikosen von Stefans Spalier, und wenn Gäste kommen, müssen sie die Rosenwildnis bewundern: Prächtig, nicht?

Alles sei voraussehbar, und es werde wohl auch richtig sein, das einzig mögliche. Was wüßte sie denn für Alternativen, und wenn sie eine wüßte, wem trüge sie sie vor. Nur einen Wunsch hätte sie, den müßigen Kinderwunsch, daß Stefan nun arm wäre, mausarm. Dann würden sie nämlich mit dem ganzen Gesicht weinen können, sein Sohn und seine Tochter, müßten nicht, vor sich selbst und den andern, das lachende Auge verstecken, das hinüberschiele zu dem blinkenden Trost.

– Wissen Sie, was ich glaube, Etienne? Dieses halbe Lachen über einen Tod ist das Allerunanständigste am Besitz. Nicht an den Erben, nein. Sind sie denn schuld, wenn etwas da ist, was sie lachen macht?

Der Teufel möge wissen, warum sie an all das denke. Was gingen denn Stefans Kinder sie an. Was gehe das Haus sie an, wenn er nicht mehr drin wohne. Was überhaupt gehe sie noch an. Sie habe gelernt, selbst zu stehen, es sei wahr, immer sei sie aus eigener Kraft gestanden, aber nun habe sie vom Stehen genug. Bestehen, überstehen, durchstehen: lauter Forderungen, Rufe nach Bewährung – vor wem?

– Stefan verdrückt sich ja. Ob ich stehe oder falle: er pfeift darauf.

Ihre Ausdrucksweise, wenn er sie eben gehört hätte, würde ihn schockiert haben, sehr. Eine Überempfindlichkeit, noch

eine; sie habe aus seinem Gesicht ihre Schlüsse gezogen und die Bestürzung darauf nicht unbedingt provoziert.
– Verduften, abhauen, sich aus dem Staub machen. Leine ziehen. Abdampfen. Sich verkrümeln –
Mit verschränkten Armen, als müsse sie sich am Platzen hindern, hat sie ihren Wortkatalog aufgesagt. Wieder diese leise, aufgerauhte Stimme, sie ist fast daran erstickt. Am Ende hat sie aber nur wieder den Kopf zurückgeworfen.
– Ich weiß die Wörter, er tut's.

Wahrscheinlich hat er auch nicht mit den richtigen Leuten verkehrt, dieser Stefan. Ernst hat zwar nicht die Wörter gemeint, aber natürlich gehören sie dazu. Daß Helen sie weiß und nicht gesagt hat, um Stefan zu schonen, wäre in Ernsts Augen vielleicht bereits Verrat. Oder würde er sie, mit oder ohne Wörter, sowenig zu den richtigen rechnen wie ihn? Sich selbst wird er dazuzählen, klar. Aber warum redet er dann nicht, damit man etwas über das Richtigsein erfährt? Die da hinten wäre auch leichter zu ertragen, wenn er den Mund auftäte.
Halt, nicht mehr umdrehen. Lieber dem Schneien zuschauen. Ist ja nicht alltäglich, so ein Wintermärchen. Ob Lisa es auch sieht?
Den Schnee für Lisa. Er sieht ihn, er hat ihn gesehen.

Helen horcht auf die Spatzen, die sind im Nachbargarten jetzt. Der Hausschatten greift schon weit über die Hecke hinaus, nur die Blumenrabatte hat noch Sonne. Im fast waagrecht einfallenden Licht leuchten die Dahlien wie Lampions.
Und wieder die Spatzen, diesmal ganz nah beim Tisch. Machen sich wichtig, als gehörten sie zur Geschichte, als sei mit ihnen etwas gesagt. Komisch natürlich, wie das flattert und kreischt und durcheinanderstiebt. So viel Aufwand an Lebendigkeit, so viel Gezeter für nichts.
Stefan lächelt seinem Zoo hinterher, er sieht und hört keine

Spatzen. Als er zurückfindet in seinen Garten, hat sich das Gezänk entfernt.
»Was man sich alles merkt.«
Er öffnet die neue Flasche. Zwar bricht ihm der Korken ab, doch er macht kein Getue deshalb, beim zweiten Anlauf bekommt er ihn heraus. Er gießt sich ein paar Schlucke ins Glas, hält es gegen die Sonne.
»Du läßt mir Zeit. Sie sind noch alle ganz.«
Sie sieht den Glasreflex auf seinem Gesicht, einen schwimmenden roten Klecks, dann sieht sie einen Augenblick nichts mehr. Sie ertastet ihr Glas, ganz unten faßt sie es an, beim Fuß, und schlägt es wie eine Stimmgabel gegen die Tischkante, nicht besonders hart, aber es genügt.
»Ich bin nicht dein Orakel. Damit du es weißt.«
Eine Stichflamme der Wut, schon verzischt. Ein wenig schämt sie sich, doch nicht genug, daß sie sich entschuldigen mag. Sie bückt sich nach den Glasstücken, sammelt sie sorgfältig auf. Sie weiß nicht, was jetzt zu sagen wäre, hofft nur, daß er nicht für nötig hält, von jenen Tellern anzufangen, die manche Griechen an die Wand knallen, dutzendweise, um den Mädchen zu imponieren; davon hat sie gehört.
Er nimmt ihr die Scherben ab, geht damit ins Haus. Gesagt hat er nichts, nur ein wenig gelacht; sogar sein Rücken sieht heiter aus. Er bringt ihr ein neues Glas, und nachdem er seins ausgeschüttet hat, in den Rasen, füllt er beide fast bis zum Rand.
»Auf deine Entschlossenheit, das Ende bei mir zu lassen.«
Sie beißt sich auf die Zunge, sie versteht ihn nicht. Sie will sich seinen Tod, wenn überhaupt, nur als Patriarchentod denken, nach einem langen Alter, mit neunzig vielleicht. Warum kokettiert er auf einmal mit dem Sterben? Will er sie erschrecken, und was verspricht er sich davon?
Sie stellt das Glas ab, lächerlich behutsam. Kann sein, das Fragen steht ihr im Gesicht. Gesagt hat sie noch kein Wort, als seine Hand schon ausfährt und einen herrischen Punkt setzt: Schluß, nichts mehr davon.

»Willst du ein paar Dahlien mitnehmen?« Bereits wieder lächelnd, der Hochmut wie weggewischt.
Sie weiß nicht, ob sie will, doch sie steht neben der Rabatte und läßt sich die Arme füllen. Es findet sich sogar ein Papier, das all die Herrlichkeit fassen kann, und weil sie den Strauß nicht vergessen soll, legt er ihn zur vorderen Tür.
Als sie wieder beim Wein sitzen, ist die Sonne fort. Sie spürt Stefans Blick, sitzt still und nimmt es hin, verwandelt zu werden: *eine schöne Frau im Abendlicht in seinem Garten;* wenn sie sich nicht versteift, geht es ganz leicht.
Ein Telefon klingelt, viel zu lang, und als es verstummt ist, braucht sie noch einmal so lang, um auf die Idee zu kommen, es könnte seins gewesen sein. Stefan lacht.
Fast alle Anrufe seien überflüssig, und er renne nicht mehr gern für nichts. Er hebe ab, wenn er in der Nähe sei, zur Beruhigung der Anrufer, doch einen Anruf zu versäumen, meine er, sei nichts versäumt. Angenommen selbst den schlimmsten Fall: einem seiner Angehörigen wäre etwas passiert – was könnte er dabei tun? Katastrophen erfahre man immer früh genug. Im allgemeinen gehe es aber, wie gesagt, um nichts. Die Frage *Wie geht's?* scheine der Hauptzweck aller Anrufe zu sein, eine hinterhältige Frage, eine Art Falle, in der man, er wisse nicht was, einfangen wolle. Seine Antworten jedenfalls, selbst wenn ihm als Konzession ein munterer Tonfall gelinge, enttäuschten die Frager, man höre es ihnen an. Wenn's nach ihnen ginge, hätte er sich über nichts anderes den Kopf zu zerbrechen als über sein Befinden, damit er es für sie hersagen könne wie einen Wetterbericht.
»Das habe ich dort gemocht. *Wie geht's?* hat die Gesundheit gemeint, sonst nichts. Entsprechend kurz sind die Antworten ausgefallen. Kalá, hat es in neun von zehn Fällen geheißen, ohne Angst vor Wiederholung, schlicht und einfach *gut.* Ein zehnter hat vielleicht Hexenschuß gehabt, oder Kopfweh, eine eindeutige Sache, Frage und Antwort ohne Hinterhalt.«

»Und nie war einer traurig oder glücklich genug, daß er es auch hat *sagen* wollen?«
»Kein Wort von Gefühlen.« Man kenne ja die Umstände des andern und wisse Bescheid. Die Trauer bei einem Todesfall, die Freude über eine Hochzeit, eine Geburt: was gäbe es darüber zu sagen, das nicht jeder wüßte. Sie hätten dort kein Bedürfnis nach Besonderheit; es sei ihnen recht, zu fühlen wie alle, auch jedesmal wie alle Male, und deshalb eben, da doch nur der Wunsch nach Abweichungen Befindensgeschichten ergebe, seien sie bei diesen noch nicht angelangt.

Muß die die Tür so zuknallen? Vor lauter Erleichterung vielleicht. Nun schleppt sie ihren Koffer weg, was trägt die bloß mit sich herum. Blöde Ziege, sagt Ernst. Offenbar ist er sitzen geblieben, hat sich das Türaufhalten erspart und der Frau seine Nähe.
– Ich hoffe, du hast gut geschlafen.
– Laß mich fahren, dann bleib ich wach.
Ernst steigt tatsächlich aus. Auf dem Trottoir stehen sie sich einen Moment gegenüber, warum erscheint ihm das komisch? Kein Handschlag natürlich, dafür ein Achselzucken. Ernst grinst.
– Der Mailänder kommt dreiundzwanzig sechzehn. Ich geh einen kippen.
Deshalb also. Als Mitfahrer darf er Promille haben, klar. Wie er davongeht und kein bißchen den Kopf einzieht, trotz des Schnees. Schlendert wie ein Urlauber zur Eingangshalle und hinein.
Vorne ist Betrieb. Der aus Mailand kann's noch nicht sein, irgendeiner halt, ein regionaler, wer will schon bei dem Wetter aufs Tram. Die Wagen vor ihm kriechen nach, er fädelt sich in die äußere Kolonne ein. Gut, daß es schneit, die Fahrer bleiben drin. Keiner wird Notiz von ihm nehmen, solange er anständig aufschließt. Er wird schon zurechtkommen mit ihnen, hoffentlich; er braucht nur ein wenig Zeit.
Die elende Wohlerzogenheit. Sein Herrensohn-Gesicht. Das

Wort ist gefallen im Sommer, gutmütiger Spott nennt sich das wohl. Er ist ja froh um die Gutmütigkeit, aber er möchte wirklich gern wissen, was mit seinem Gesicht nicht in Ordnung ist. Woran wollen sie Vater erkennen? Vater sieht anders aus, über ihn würden sie nicht lachen.
Einer geht draußen vorbei, eilig, mit verschneitem Haar. Die Wagenreihen stehen wieder, er ist noch lange nicht vorn. Er steigt aus und wischt den Schnee von den Seitenfenstern, mit bloßen Händen, sein Atem dampft. Der Wagen rechts ist dunkel, er kann den Fahrer nicht sehen. Der hinten liest Zeitung und schaut nicht auf.
Die Hände wärmen. Im finsteren Wagen sitzen und warten. Eine Wagenlänge vorrücken. Auf die Uhr sehen.

»Ein ganzes Jahr nur zuschauen, wie hält man das aus.« Stefan hebt die Schultern, und sie fragt nicht weiter. Sie schaut wieder zu den Rosen hinüber, und als er dann doch noch antwortet, falls es eine Antwort sein soll, schrickt sie auf.
Er habe auch zu tun gehabt. Ob sie je versucht habe, in einem Putzkessel ihre Wäsche zu waschen? Noch dazu, wenn kein warmes Wasser vorhanden sei? Er habe es sich literweise auf dem Rechaud gewärmt. Gekocht habe er auch, fast täglich. Geschirr gewaschen. Das Zimmer sauber gemacht.
Darauf fällt ihr nun bloß Polemisches ein. Ein bißchen haushalten, befristet natürlich, und darauf seid ihr dann stolz. Fühlt euch großartig, wie bei einem Abenteuer, vor allem danach. Das Jahraus-jahrein tretet ihr großzügig an die Frauen ab, die sind selber schuld, wenn sie das Abenteuer nicht merken – sagt Helen, allerdings nicht zu Stefan. Der wäre so erstaunt, daß er ihr womöglich seine Putzfrau offerierte, deshalb hält sie lieber den Mund. Sicher, sie könne sich vorstellen, daß das immer und immer zu Wiederholende ihm dort seine Tage zusammengehalten habe. Aber zuhause dann, und er sei ja zurückgekehrt, habe er dafür wieder seine Frau gehabt.

Um sich abzulenken von ihrem Ärger, fängt sie nochmals von den Fotos an. Was er durchs Fenster geknipst habe, fragt sie. Hunde und Katzen?
»Das Kabelgewirr. Bäume, Dächer, den Kirchturm. Auch Sonnenuntergänge. Zwischen den Dächern ein kleines Stück Meer. Dann noch Wäsche.« Ja, auf einer Dachzinne sei manchmal Wäsche aufgehängt gewesen, und wegen des Winds fast immer bewegt.
»Und niemand, der sie aufhängt oder herunternimmt?«
»Ich habe niemand gesehen. Meist bin ich spät aufgestanden, vielleicht deshalb. Und schon um Mittag mußte man ja die Jalousien vorlegen, gegen die Hitze und das Licht.«
Dann sei er im verdunkelten Zimmer gesessen? Mit nichts als dem Lärm?
Am Nachmittag sei es ein paar Stunden recht leise gewesen. Man nehme den Tag in zwei Anläufen dort. Er selbst habe an einem genug gehabt und sei während der Nachmittagsstille spazieren gegangen.
Und die Bauern hätten sich nicht gefragt, was einer wie er den ganzen Tag tue? Ohne Ziegen, ohne Ölbäume, ohne Familie?
Nur sein Alleinsein habe zu reden gegeben, das sei unbegreiflich gewesen für sie. Allein schlafen, ist das gut? habe der Bäcker schon in der zweiten Woche gefragt. Er habe für Schlafen die Kindergebärde gebraucht, aber auch ohne diese, glaube er, hätte seine Frage nichts Anzügliches gehabt.
Er habe nicht versucht, sich den Leuten zu erklären. Selbst wenn er die Wörter gewußt hätte, würde man ihn nicht verstanden haben. Manchmal habe er sich selbst nicht verstanden. Es sei auch nicht immer leicht gewesen zuerst, es habe ihm an Übung gefehlt. Wenn man zum erstenmal im Leben nur noch sich selber habe, vierundzwanzig Stunden am Tag, könne es schon vorkommen, daß man mit der eigenen Gesellschaft nicht zufrieden sei.
»Du warst nicht darauf gefaßt?«

»Ja, das ist merkwürdig. Man denkt, Alleinsein heiße, ohne die andern zu sein. Daß es auch heißt, mit sich zu sein, und das vor allem, *ich* mit *mir* –«
Helen will nicht mit ansehen, wie die Verlegenheit sein Gesicht verwischt, sie greift nach dem Glas. Eine Weile bleibt Stefan reglos, als horche er dem eigenen Erschrecken nach. Auf einmal lacht er aber auf und beginnt von seiner Schwester zu reden, zum erstenmal, Helen hat nicht gewußt, daß er eine hat. Sie sei die einzige, die nie aufgehört habe, ihn nach jenem Jahr zu fragen. Oder vielmehr: sie überfalle ihn mit Erklärungen für sein Fortgehen, *psychologischen,* wie sie sage, es fielen ihr immer wieder neue ein. Noch lieber allerdings rede sie von sich selbst, das sei ihr eigentliches Fachgebiet. Ununterbrochen, mit jedem Ein- und Ausatmen sozusagen, scheine sie ihre Gefühle zu belauern, und weil sie, wie alle Jäger, ihre Beute auch vorzeigen wolle, sei es unmöglich, ihren Enthüllungen zu entgehen.
»Sie besucht dich hier?«
»Selten. Sie mag Zürich nicht.«
Sie wohne in Kappel, seit fünfundvierzig Jahren, ihr Mann sei Lehrer gewesen da. Er habe wenig Kontakt zu ihm gehabt, aber die Schwester, mit ihrem Hang zur Indiskretion, habe ihm hinterbracht, daß es für den Lehrer keine Frage gewesen sei, daß die Reise nach Griechenland eigentlich *ihm* zugestanden wäre; er hätte über den richtigen Hintergrund verfügt und das richtige Interesse, während so ein Geschäfts- und Geldmensch ja nicht wissen konnte, worauf es ankam, und es offensichtlich auch nachher nicht wußte, sonst hätte er doch etwas erzählt.
»Er war auf Kultur versessen bis zuletzt. Hat einen angemessenen Tod gehabt. Herzinfarkt, im Museum des Vatikans.«
Stefan lacht, doch er entschuldigt sich gleich.
»Es ist lange her, weißt du. Er war sehr viel älter als sie.«

Bei dem Schnee wird der Mailänder sicher Verspätung haben. Und am Ende sitzt gar niemand drin. Wer wird schon per Schnellzug in die Kälte fahren, von dort.
Daß man bei Italien immer an Sommer denkt. Einmal war er im Februar in Rom, und es war alles andere als warm. Und von Florenz hat er Fotos gesehen mit soviel Schnee, daß man hätte Ski fahren können. Vielleicht fahren die tatsächlich Ski dort, man weiß es nur nicht. Von Fiesole hinunter.
Fiesole hat er verpaßt.
Heiß war's, ganz wahnsinnig heiß. Auf dem Fußboden eine Leiter aus Sonnenstreifen von den Ritzen der Jalousie, und er – Vor lauter Aufregung ist er gestolpert, quer durchs Zimmer, ist ihr in diesem Grottenhalblicht buchstäblich in die Arme gefallen. Er hätte weinen können, vor Glück oder er weiß nicht vor was, nur daß ihm dann nicht gelungen ist, sie von ihrem Winter zu befreien. Ein Eisblock ist sie gewesen, mitten in der Junihitze von Florenz, und statt sie aufzutauen – Wie würde Ernst dazu sagen? Ein einziges Debakel, gescheiter wären sie mitgefahren nach Fiesole. Karin ist ihm dann aus dem Weg gegangen, klar, und die Maturreise war verpatzt.
Ein Glück, daß er Lisa getroffen hat, mit Lisa ist es leicht. Sogar etwas falsch zu machen müßte leicht sein, keine Katastrophe, kein Ein-für-allemal-Fehler, man dürfte es sich verzeihen.
Ein Wunsch vielleicht, bloß ein Wunsch.
Ernst kehrt den Schnee vom Kofferraum, er hat ihn nicht kommen sehen. Einmal umrundet er das Taxi, dann schiebt er sich auf den Nebensitz. Kälte bringt er mit und eine Alkoholfahne, wenigstens hat er Kaugummi gekauft. Er reißt an dem Päckchen herum, zuletzt mit den Zähnen, hat kalte Finger vermutlich, wann war's je so kalt. Bevor er sich das Zeug in den Mund stopft, öffnet er nochmals die Tür und spuckt durch den Spalt hinaus, und nun kaut er, ekelhaft, das Kauen und der Geruch, Pfefferminz wahrscheinlich. Wenn's nicht so kalt wäre, stiege er aus.

– Warst du eigentlich mal in Griechenland?
Ernst dreht ihm das Gesicht zu. Er kaut mit offenem Mund und strahlt vor Vergnügen; er will ihn ärgern, er hätte es gleich merken sollen: er spuckt und kaut nur für ihn.
– Meine Bildung ist unvollständig.
Sagt er, *muß* er sagen, es gehört zum Programm. Es ist aber noch nicht zuende, miese Provinzunterhaltung, wie kann einer so outrieren. Er bläst den Kaugummi zum Ballon auf und läßt ihn platzen, lehnt sich zurück und sagt zur Wagendecke hinauf: Ich hoffe natürlich, daß es dich nicht kränkt.
Lachen und wegschauen. Was sonst?

– Er war überall, Etienne, und hat nie ein Wort gesagt.
Sie würde es nicht erfahren haben, wenn sie nicht gefragt hätte. Nach des Lehrers Griechenland nämlich, darüber habe sie sich Gedanken gemacht. Ob er denn selbst gar nie Lust gehabt habe, die Akropolis zu sehen?
Er sei, vor dem Einzug in seinem Dorf, ein paar Wochen herumgereist. Mit dem erwähnten Mietwagen, durch ganz Griechenland. Er glaube nicht, daß ihm etwas von dem entgangen sei, was sein Schwager zum Pflichtpensum gerechnet hätte – »mit Ausnahme von Sparta«, habe er lachend gesagt. »Sparta, siehst du, habe ich mir immer vorgestellt wie die Schweiz: strebsam, fleißig, selbstgerecht. Und das nun in Trümmern? Nein, nach Sparta wollte ich entschieden nicht.«
Genaugenommen habe er auch an die andern Orte nicht gewollt, nur etwas weniger entschieden. Er sei mit der Absicht losgefahren, sich umzusehen, aber doch eher gnädig, denn tatsächlich habe er Ruinen nie gemocht. Sie seien ihm immer als Inbegriff des Abgelebten, ungültig Gewordenen erschienen, wie Friedhöfe, aber pervertiert. Man lasse da das Tote ja nicht begraben sein, sondern zerre die Überreste ans Licht, also eher Beinhäuser als Friedhöfe, und jedes Knöchelchen numeriert. Aber wenn es vielleicht noch einleuch-

tend sei, daß man Knochen mit Pietät begegne, weil sie einmal einem Menschen gehört hätten, so komme ihm die Ehrfurcht vor Steinen, nur weil sie zu irgendeiner Zeit, selbst einer goldenen, Teil eines Tempels gewesen seien, lächerlich vor. Die Zeit könne ja nicht exhumiert werden, wozu also die Grabschändung.

So habe er gedacht, und nicht erst vor seiner Abreise, Techniker-Überlegungen vielleicht, denn natürlich sei der Umgang mit Generatoren nicht dazu angetan, einen auf Zerbrochenes begierig zu machen. All das irgendwann Gedachte habe sich dann aber schon in Delphi wenn nicht als falsch, so doch als belanglos erwiesen. Eine Neigung kümmere sich nicht um Gegengründe, und er *sei* geneigt gewesen, auf den ersten Blick. Nein, der berühmte Hauch der Geschichte habe ihn nicht angeweht, seine Neigung habe das Gegenwärtige gemeint, ausschließlich das. Man müsse wohl selbst da herumgegangen sein, müsse diese Landschaft gesehen und gerochen haben, um sich nicht zu wundern, daß die sogenannten Überreste verwandelt würden in etwas, das nicht nach Ergänzung rufe, nach der einstmaligen Vollkommenheit, sondern selber vollkommen sei, immer gerade jetzt. All die alten Stätten seien wie Gärten, die Ruinen ebenso verwurzelt wie die Bäume und Blumen, auch ebenso lebendig. Der Eindruck habe sich ihm so nachhaltig eingeprägt, daß er nun versucht sei zu sagen, er habe die Steine wachsen gesehen.

»Dann werden die Tempel doch wieder ganz«, sagt Helen.

»Gott bewahre. Zurück wachsen sie nicht.«

Einmal, doch, ein einziges Mal habe die Geschichte ihn angerührt, oder vielmehr eine Lücke darin. Über Eleusis nämlich wisse man bis heute nicht Bescheid. Die Forschung habe wenig zutage gebracht außer Vermutungen. Eine der neuesten gehe davon aus, daß dort Rauschmittel verabreicht worden seien, etwas LSD-Artiges, gewonnen aus Mutterkorn. Er habe zufällig davon gelesen und gemerkt: die Lüftung des Geheimnisses interessiere ihn nicht. Ihn beschäftige einzig, daß es gewahrt worden sei, daß keiner der Bedingung des Schweigens zuwidergehandelt habe. Frauen, Männer, Kinder und Sklaven, auch Nicht-Griechen hätten zu den Eingeweihten gehört, über all die Jahre sicher Tausende und Tausende, aber keiner von ihnen habe etwas verraten, alle Berichte über Eleusis machten vor dem Eingang zum inneren Tempel halt.

Damals, bei seinem Besuch, sei man mit der Ausgrabung noch nicht zuende gewesen, das Gelände hätte, um ein Garten zu werden, noch nicht die nötige Zeit und Ruhe gehabt. Wenn irgendwo, hätten ihm dort seine Vorbehalte einfallen müssen, nur sei da eben dieses andere gewesen, daran habe er sich verloren, am Rand einer frisch aufgeworfenen Grube sitzend, bis zwei Arbeiter mit Schaufeln – es sei schon gegen Mittag gegangen – ihn vertrieben hätten.

Andere Besucher habe er übrigens dort nicht gesehen. Kein Wunder vielleicht, weil von Eleusis wenig aufrecht geblieben sei. Man könne wohl auch kaum ein Foto machen, ohne die Hochkamine der heutigen Stadt auf dem Bild zu haben; das nehme sich nicht so exotisch aus für die Daheimgebliebenen wie das Löwentor.

Ob er sich die Kamine weggedacht habe?

Im Gegenteil. Er sei hingefahren nachher, um sie aus der Nähe zu sehen. Auch in Athen und Korinth, wo die Industrie sich etwas entfernter halte, habe er sie nie wegkorrigiert. Die Neuzeit sei nicht a priori häßlich, und dort wie hier sei das Wegdenken jedenfalls das untauglichste Mittel zur Verschönerung.

Und die Drähte in seinem Dorf?

»Wenn sich genug Leute finden, die ihre Häßlichkeit *sehen,* werden sie in die Erde versenkt.«

»Im nächsten Jahrhundert?«

»Warum nicht? Sie haben ihre eigene Zeit.«

Das müssen sie sein, die aus dem Süden, wer trägt sonst so unmögliche Schuhe jetzt. Gleich zwei setzen sich in den

Schnee, so verdutzt, daß ihnen der Mund offenbleibt. Nun wollen alle auf einmal weg, klar. Sie drängeln bei den Einstiegstellen, bequemen sich nur zögernd zum Schlangestehen.
Der vorn braucht lang mit dem Gepäck. Eine Unmenge Koffer, kaum bekommt er den Kofferraum zu. Geknirsch, als er endlich fährt, Eis heißt das, also Vorsicht, vielleicht wartet Ernst darauf, daß er Fehler macht. Der Wagen kommt aber sachte zum Stehen, und genau am richtigen Platz. Er ist auch schon fast beim Kofferraum, als die Frau durch die Sperre kommt, vorläufig gibt es nichts zu bemäkeln an ihm.
Sie hat kein Gepäck, aber eilig hat sie es. Wohin hat man es eilig, nachts um halb zwölf? Mit Tempo ist bei dem Wetter nichts zu wollen, Ernst sagt es ihr, ohne sich umzudrehen. Ob er befürchtet, daß sie den Alkohol riecht? Die ist nicht wie die letzte, die hat keine Angst. Nur ein wenig nervös ist sie, oder ungeduldig, weil sie jemanden auf sich warten läßt.
Er kommt auch wirklich langsam voran, langsamer als nötig, warum fährt der so übervorsichtig da vorn. Hinten hupt einer, und nun hupt er selbst, obwohl es Unsinn ist. Der kann nicht ausweichen, wohin auch, Menschenskind, der hat nicht einmal Winterpneus drauf. Ein Verrückter, so einer, am besten kommt man dem nicht zu nah.
Die Frau sollte sich richtig hinsetzen. Wenn sie dasitzt wie auf dem Sprung, fühlt er sich angetrieben, und ihr Blick im Rückspiegel treibt ihn auch. Er läßt sich anstecken von ihrer Nervosität, das ist schlecht. Daß sie zu spät kommt, wohin immer, ist ihre Sache. Und kann sie sich nicht auf das Wetter ausreden? Der Zug steckengeblieben, das Taxi steckengeblieben, höhere Gewalt.
Männliche Fahrgäste sind bequemer. Komisch, meistens schaut er sie gar nicht an. Er hat nicht das Bedürfnis, und sicher brächte es auch nichts. Sind alle so gut versteckt, daß man nichts über sie erfährt, was sie nicht sagen wollen. Nur eines weiß er immer sofort: ob es einer wie Vater ist. Noch den Betrunkenen hört man es an.

Vater, versteht sich, hat sich ihm nie betrunken gezeigt. Für Exzesse gehen Leute wie er aus dem Haus. *St-Etienne* ist nichts für Frau und Kind, für die fällt bestenfalls ein Name ab. Eine Gemeinheit natürlich, wie kommt er dazu, Vaters Mahnmal zu sein.

Kein Wagen mehr vor ihm, seit wann? Ernst hat ihm den Ellbogen in die Seite gebohrt und gesagt: Da vorn rechts. Er hat geradeaus fahren wollen, aber da ist Einbahn, neu vielleicht, oder er hat es vergessen; die Tafel ist auch halb zugeschneit. Falsch gefahren also, ein Umweg, das hat noch gefehlt. Die Frau sagt aber nichts, sie hat sich zurückgelehnt, womöglich weiß sie den Weg selber nicht. Als er zum zweitenmal abbiegt, zurück in die Richtung, aus der er gekommen ist, sieht er sie lächeln. Er hat sich bestimmt nicht getäuscht, das Lächeln ist noch da. Was sieht sie? Das Flokkengewirbel? Vielleicht hat sie vergessen, daß sie erwartet wird. Oder sie ist bereits dort.

Ob er wenigstens hingezeigt habe, um ihrem Sehen auf die Spur zu helfen?

Helen fragt es, obwohl sie weiß: er hat nicht. Und würde sie denn wollen, daß er hätte? Was für überflüssige Dinge man sagt. Ist die blaue Stunde dafür nicht zu schade? *Jede* Stunde? Besser, sie schweigt; wenn sie müde ist, sagt sie dummes Zeug.

»Stefan.«

Sie will nur, daß er aufschaut, daß er sie nicht allein läßt in seinem Garten, doch er meint, daß er antworten soll, auf die dumme Frage, und so antwortet er.

Er habe dort keine Stimme gehabt, habe auch keine gebraucht. Zum Mitreden gehöre ja zweierlei: Zugehörigkeit und ein Eigeninteresse. Er sei aber bloß Publikum gewesen, noch dazu eines ohne Moral. Später einmal habe er in Japan ein Nō-Spiel gesehen, da habe er sich gefühlt wie in seinem Dorf.

»Wenn man nicht weiß, worauf es ankommt, wird jeder

Wertmaßstab hinfällig. Man sieht alles und sieht vielleicht doch nichts, wie könnte man da eine Meinung haben. Das einzig Angemessene ist Staunen; vom Urteilen ist man dispensiert.«

Helen ist so verblüfft über sein Gesicht, daß sie ihren Schweigevorsatz vergißt.

»Das hast du gewollt?«

»Nein, nicht gewollt.« Er sei ja mit geschlossenen Augen losgezogen, habe sie erst dort wieder aufgemacht. Daß er herausgefallen sei aus dem Spiel und nicht mehr mitgezählt habe, daß plötzlich jede Rechnung aufgegangen sei ohne ihn, das sei nicht Absicht gewesen, so dürfe sie es nicht verstehen. Es sei ihm einfach passiert, wenn auch natürlich folgerichtig. Alles sei ihm passiert.

»Du hast dich ins Leere gehängt, um zu sehen, wohin du fällst?«

»Das *um-zu* stimmt nicht.«

»Aber der Rest?«

Stefan will nicht weiter, doch da er nun einmal so weit ist, läßt sie nicht los.

»Wohin bist du gefallen?«

Er sieht belästigt aus, und ihr fällt ein, daß seine Handbewegung vielleicht von dort stammt, Fliegenabwehr, du lieber Gott. Er verkneift sie sich aber, läßt die Hand auf dem Tisch, nimmt schließlich das Glas auf, und weil sie noch immer nicht wegschaut, läßt er sich wenigstens zu einem Schulterzucken herbei.

»Du hast nie darüber nachgedacht?«

»Denken ist wie Reden. Man findet Wörter und verliert die Erfahrung. Sie wird ungenau.«

Sie sieht ihn überrascht an, doch bevor sie etwas sagen kann, hebt er wieder das Glas.

»Auf das Reden.«

Wahrscheinlich macht sie ein recht dummes Gesicht, denn er lacht. Und als er nun noch sagt: »Wir reden so schön daran vorbei«, ist sie endgültig verwirrt.

»Du sagst nicht, was du sagen willst? Meinst du das?«
Das Glas schlägt gegen seine Zähne. Sie hört ihn schlucken, zwei- oder dreimal, bevor er es auf den Tisch zurückstellt.
»Ich meine, Vorbeireden ist eine Möglichkeit. Vorhin ist es mir eingefallen, bei den Tieren.«
»Du willst draußen bleiben, wie bei den Fotos?«
»Ich weiß, daß du mich nicht läßt.«
Da habe er recht gehabt, natürlich, aber anderseits – Sie sei doch jedesmal schon selber erschrocken, wenn er sich vergessen und etwas preisgegeben habe, was zu weit gegangen sei, für seine Schamhaftigkeit zu weit. Nur sei sie eben überzeugt gewesen, daß er sich am Ende dazugeben müsse, wie sollten denn sonst die Versatzstücke zusammenhalten und sie beide wieder hinausfinden aus all dem.

– Hier, hier.
Nicht die Frau, Ernst sagt es, angestrengt leise, sein Ärger kommt aber doch durch. Keine Vollbremsung, klar, er läßt sich nicht hinreißen, auf die paar Meter kommt es nicht an. Als er den Rückwärtsgang einlegt, öffnet die Frau die Tür. Sie streckt ihm eine Zwanzigernote über die Schulter, sie will kein Herausgeld, sie steht schon draußen im Schnee. Mit den Händen in den Taschen geht sie davon, schlendert beinahe, wie Ernst im Bahnhof vorhin. Er sieht sie klingeln, sieht, wie ihr geöffnet wird, und nun merkt er, daß er sich fast den Hals verrenkt hat, dreht sich aufatmend zurück. Ein heilloser Schreck. Was war das für eine, hat er die schon gesehen? Vielleicht sitzt die erste, die eilige, bereits zuhause, und die hier ist irgendwo zugestiegen, später, und er hat nichts bemerkt.
– Bald ausgepennt?
Durchatmen. Nein, er ist nicht übergeschnappt. Die Adresse stimmt, die Fahrzeit kann auch stimmen. Den Geldschein hat er noch in den Fingern, ziemlich zerknüllt. Auf den Knien streicht er ihn glatt, mit beiden Händen, Ernst soll sich gefälligst abregen jetzt.

– Willst *du* wieder fahren?
Ernst ist so sauer, daß er nur schnaubt. Die Räder spulen, als er zurücksetzen will. Dann eben nicht. Zwei Häuser weiter gibt es eine geräumte Einfahrt, und obwohl er nun ebensogut um den Block fahren könnte, wendet er hier. Ernst knurrt.
Die Trams fahren noch. Das muß der Siebner sein, der in die Wendeschleife einbiegt, leise wie ein Gespensterschiff. Wieso Schiff, der Schnee läßt eher an Wüste denken als an Wasser. Verrückt, wie das schneit.
– Redest du nie?
– Mach das Radio an.
Giftig klingt das, oder es ist wieder Theater. Warum kommt er heute mit Ernst nicht zurecht. Er hat keine Lust zu streiten, Mangel an Militanz, würde Vater sagen. Vermutlich definiert er ihn als eine Summe von Mängeln. Minus plus Minus plus Minus gleich Vaters Sohn.
Hat er gelacht, oder warum knurrt Ernst schon wieder? Macht knurrend das Radio an?
Debussy. Eins der *Préludes*. Er hat eine Kassette gehabt, mit Richter, eine Live-Aufnahme, rauschend und voller Publikumsgeräusch. Hat sie so oft gehört, daß das Bändchen zerrissen ist. Schlechte Qualität, russisch vielleicht.
– Ist das der Stil, in dem du träumst?
Ernst sagt S-til, um ihn zu ärgern. Es klingt komisch, aber er lacht nicht, weiß auch nicht, was er sagen soll. Muß er sich entschuldigen, weil ihm die Musik gefällt? Ernst meint nicht die Musik. Wird sie ohnehin gleich abstellen, Sieger so oder so.
Verlieren ist leichter. Oder keucht Ernst vor Wut?

V

So hat er wirklich geschlafen, und wie ein Stein. Lisa ist aufgestanden, er hat nichts gemerkt. Sie wird in der Küche sein, bei den andern, doch hört er ihre Stimme nicht heraus. Merkwürdig, daß sie heute so leise reden. Vielleicht haben sie für einmal die Küchentür zugemacht. Oder sind es die Leute von unten, die er hört?
Wenn sie weggegangen wäre, und jemand anderer käme herein, würde ihn hier finden, einen nackten Mann in einem fremden Bett. *Ich heiße Etienne, guten Morgen.* Hoffentlich tut sie ihm das nicht an. Er haßt Schwänke, und schlagfertig war er noch nie. Er steht besser auf.
Schade, daß sie nicht da ist. Sie weiß noch fast nichts.

Helens Zorn. Abwegig vielleicht, sagt sie, aber manchmal, besonders im Spital, zerspringe sie fast daran. Daß er ihr das antue, sich auf und davon mache, alles Ungesagte ungesagt lasse mit diesem erbarmungslosen Gesicht.
Er denke nun wahrscheinlich, sie wolle Stefan auch etwas antun, sie zahle ihm sein Verschwinden heim, indem sie ihn verrate. Denn von Stefans Standpunkt aus, wenn er noch einen hätte, würde ihr Reden zweifellos ein Verrat sein, soviel habe er ja sicher aus ihrem Erzählen herausgehört.
– Bin ich rachsüchtig, Etienne, oder was glauben Sie? Warum erzähle ich das alles, wo ich doch weiß, und immer deutlicher, daß er sich nicht in die Geschichte einsperren läßt?

Das Fenster klemmt, oder es ist vereist. Er reißt daran, und mit dem aufspringenden Flügel fällt ein gefrorenes Schneepolster ins Zimmer, zersplittert auf dem Linoleum. Er klaubt die Stücke vom Boden auf, wirft sie in den Vorgarten hinab. Nun hat er kalte Finger, von draußen kommt es auch eisig kalt, also los. *Arme in Schulterhöhe anwinkeln, Ellbo-*

gen nach hinten hochschwingen, Arme strecken und hochschwingen, eins-zwei, eins-zwei, das wärmt.
Fast hat er die Lampe heruntergeschlagen, das Zimmer ist zu klein. Zum Herumgehen auch, aber das Bett kann er machen. Leintücher glattziehen, Kissen aufschütteln, Decke drüber. Die Decke hat ein Loch.
Er ist nicht besonders leise, beim Verriegeln des Fensters macht er sogar absichtlich Lärm. Außerhalb des Zimmers rührt sich nichts, keine Tür, das Reden unverändert, niemand kommt. Wo ist Lisa? Warum holt sie ihn nicht heraus?
Er war nie hier untertags, und noch nie allein. Es ist ungemütlich. Zwar steht ein Stuhl beim Fenster, aber ohne Tisch, da mag er nicht sitzen. Dafür ist das Zimmer auch nicht gedacht. Lisa hält sich hier nur zum Schlafen auf, oder wenn sie ihn mit heraufnimmt. Auch andere vielleicht.
Hinter der Tür ein kleiner Spiegel. Ein Schrank, ein altmodischer Nachttisch mit dem Wecker, ein Bettvorleger, der scheint neu. Im ganzen Zimmer kein Gegenstand, der mit Lisa zu tun hat oder etwas über sie sagt. Alles könnte irgendwem gehören. Kein Bild, kein Plakat an der Wand.
Nein, den Schrank wird er nicht öffnen, er verbietet es sich. Warten. Er müßte dringend einen Kaffee haben. Oder gähnt er vor Hunger? Sieben Stunden Schlaf sind genug, bald wird er es mit weniger machen. Bloß eine Trainingssache, bestimmt.
Die Hydraulikübung darf er nicht vergessen.
Er wird sich doch auf den Stuhl setzen. Blöde Gähnerei. Es schneit wieder, man sieht kaum das gegenüberliegende Haus.

Helen schläft ein im Taxi, als sie mit ihrem Dahlienstrauß nachhause fährt. Beim Aussteigen läßt sie ihn liegen, doch der Fahrer rennt ihr damit nach. Sie ist so erschöpft, daß sie ihn samt Papier ins Wasser stellt und angekleidet ins Bett fällt. Irgendwann in der Nacht schreckt sie auf, um den

Wecker zu stellen, zieht sich bei der Gelegenheit wohl auch aus, hängt sogar das Kleid in den Schrank. Dort jedenfalls, sagt sie, habe es sich gefunden, als sie am Morgen aufgestanden sei. Viel lieber wäre sie liegen geblieben, doch sei sie im Geschäft zu einer Sitzung erwartet worden, ein Witz, denn ihre Anwesenheit ändere nie etwas. Wie immer habe ihr einer der Kollegen den Hof gemacht, doch so weit habe seine Verehrung natürlich nicht gereicht, daß er hätte wahrnehmen wollen, wie elend sie sich fühlte. Mit zwei Aspirin habe sie sich schlecht und recht über die Runden gebracht und anschließend noch, blöd wie sie sei, mit Italien telefoniert wegen einer überfälligen Lieferung. Die Verbindung sei miserabel gewesen, ein Gezwitscher von fremden Stimmen, gegen das sie habe anschreien müssen, und als sie endlich den zuständigen Mann am Apparat gehabt habe, sei wieder jemand mit *pronto, pronto* dazwischengefahren, das habe dann gereicht. Fast sei sie in Tränen ausgebrochen, die Zähne hätten ihr zu klappern angefangen, und die Chefsekretärin, zufällig hereingeschneit, habe ihr den Hörer aus der Hand genommen und ein Taxi bestellt.

– So bin ich schon wieder im Taxi gesessen, und noch lange nicht zum letztenmal. Ohne Taxi wäre ich gar nicht zum Arzt gekommen, all die Tage danach. Bloß Schwindel und ein wenig Fieber, aber für zwei Wochen war ich außer Gefecht gesetzt.

Als sie Stefan anruft, um die nächste Verabredung abzusagen, ist er besorgt. »Du arbeitest zuviel«, sagt er, »du schaust nicht zu dir.« Er telefoniert mit ihr nun täglich, und wenn er fragt: »Wie geht's«?, muß sie lachen.

»Nicht besonders.«

»Brauchst du was?«

Nein, sie braucht nichts. Viel Schlaf, und ab und zu eine Tasse Tee. Aber kann sie ihn denn bitten, ihr Tee zu kochen? Er schickt ihr dafür Blumen, durch ein Blumengeschäft. Der Bote legt sie ihr vor die Tür, weil sie auf sein Läuten nicht aufmacht. Sie bedankt sich, als er das nächstemal anruft;

daß sie die Dahlien noch nicht ausgewickelt hat, sagt sie ihm nicht.
Es geht vorbei, glücklicherweise, sie kann nicht ewig wegbleiben vom Büro. Auch als sie da wieder sitzt, schon am ersten Tag, ruft Stefan sie an. Sie zwingt sich, von den Papierstapeln wegzusehen. Eine Stunde wird sie zugeben, doch, »Strafarbeit für mein Kranksein«, sagt sie, »aber pünktlich um sechs hör ich auf.«
Es ist dann doch fast Viertel nach, als sie herunterkommt. Der Chef hat sie aufgehalten, nur zum Austausch von Freundlichkeiten, er hat ein Gespür für den falschen Moment. Sie geht die Reihe der geparkten Autos ab, das von Stefan ist nicht dabei. Als er aus einer Seitenstraße um die Ecke biegt, zu Fuß, erkennt sie ihn nicht sofort. Er winkt, sie gehen aufeinander zu, einen ganzen Häuserblock lang, und sie wundert sich. Hat sie jemals gesehen, wie er geht?
Der Volvo sei stehengeblieben, ausgerechnet heute. Vorn bei der Rentenanstalt, da stehe er noch.
So müsse er wohl gleich wieder fort und etwas für ihn tun?
Der stehe gut bis morgen, er habe Hunger jetzt. Wenn sie ein wenig warten wolle, sehe er sich nach einem Taxi um.
Nein, das lieber nicht, von Taxis hat sie einstweilen genug. Sie möchte zu Fuß gehen, der Nase nach und ins erste Lokal, wo es etwas zu essen gibt. Wäre es nicht schön, einmal irgendwo zu sitzen, wo auch Stefan noch nie gewesen ist und keinen Vorsprung hat im Erinnern? Darauf hätte sie Lust, und er, wenn auch etwas skeptisch, läßt sich überreden.
Es ist dann sehr neu und merkwürdig für sie, mit ihm durch die Stadt zu gehen. Er läßt Raum zwischen sich und ihr, und wenn sich das Trottoir verengt oder jemand ihnen entgegenkommt, tritt er einen Schritt hinter sie zurück. Ab und zu schaut sie in ein Schaufenster, einmal bleibt sie sogar stehen. »*Déformation professionelle*«, sagt sie, »ich bin immer beim Spionieren.« Und weil er nicht gleich sein abweisendes Ge-

sicht macht, zeigt sie ihm eine Jacke. »Die kostet bei uns zwanzig Franken mehr.«
»Und was schließt du daraus?«
»Ein Fabrikant, der billiger produziert.«
»Auch schlechter vielleicht«, sagt Stefan, offensichtlich belustigt. Sie wendet sich zum Weitergehen, er hält sie zurück.
»Dieselbe Jacke?«
»Vergleichbar. Man müßte noch den Stoff anfassen.«
Er schaut sich die Jacke an, als habe er noch nie eine gesehen, dabei ist er hungrig, und sie auch. Meint er, daß er ihr das schuldig sei? Sie weiß doch, daß er sich nicht für Mode interessiert. Und nun läuft er weg. Was hat er sich ausgedacht, was will er in dem Geschäft? Nach dem Fabrikanten fragen vielleicht? Du lieber Gott.
Sie geht die andern Schaufenster ab, während sie auf ihn wartet, doch sie ärgert sich. Sie hat Feierabend, warum läßt sie sich von der Arbeit einholen. Interessiert *sie* sich denn für Mode? Soll einer Zeit finden, sich das zu fragen, wenn er täglich dafür rotiert.
Stefan kommt zurück, er schlenkert einen Plastikbeutel, und wieder denkt sie: Wie er geht. Dann wird ihr bewußt, was der Beutel zu bedeuten hat, sie spürt ihr Gesicht heiß werden, weiß nicht, wo sie hinsehen soll. »Zum Anfassen«, sagt er, und sie, mit ihrem roten Kopf, steht bloß da. Eine teure Information, könnte sie sagen, wenn sie den Mund aufbrächte, und er würde lachen. Sieht er ihre Verlegenheit nicht?
»Ich hab die weiße genommen. *Vieux-rose* ist nichts für dich.«
Er öffnet den Beutel, damit sie hineinsehen kann, und nun muß sie natürlich den Stoff befühlen, das darf er erwarten von ihr. Sie greift zwischen das Seidenpapier, und wie es kommt, daß sie sich auf einmal freut, geradezu unsinnig freut, weiß sie selber nicht. Ein wenig zittrig tastet sie nach dem Leinen, befühlt es mit den Fingerspitzen, knüllt es in der Faust, als sei es wichtig, als gehe es um Qualität. Da

benützt er den erstbesten Vorwand, der eigentlich gar keiner ist, um ihr ein Geschenk zu machen, gegen die Abrede, und so ahnungslos ungeschickt. Ein Kleidungsstück ohne Anprobe, noch dazu für eine, die an der Quelle sitzt – wem anders als Stefan fiele das ein? Sie streichelt die Jacke, er sieht glücklich aus, aber nun merkt er, daß sie schon zu lange hier herumstehen, ein Abirren seines Blicks, und sie merkt es auch, sie nimmt sofort die Hand zurück.

Sie landen im *Rechberg*. Eine ganze Menge Schilder hat er übersehen unterwegs, und bestimmt nicht zufällig. Er will nicht an jeden Tisch passen, sein gutes Recht.

Und jetzt hier. Kaum durch die Tür, setzt er sein Herrengesicht auf. Wenn er ihr nicht gesagt hätte, daß er zum erstenmal da ist: nun wüßte sie es.

»Gefällt es dir nicht?«

Er überhört ihre Frage. Glücklicherweise kommt die Serviertochter auf ihn zu, die hört er. Leise und höflich spricht sie ihn an, vielleicht gibt das den Ausschlag; er geht weiter, er läßt sich herab. Am angewiesenen Tisch rückt er ihr wie immer den Stuhl zurecht, und als er sich gegenübersetzt, hat er wieder sein eigenes Gesicht.

Das Essen ist dann wie meistens: ein wortloses Fest. Fast gleichzeitig legen sie das Besteck auf den Teller, und als sie einen Seufzer der Befriedigung nur halb unterdrückt, seufzt er auch, und sie lachen. »Unglaublich«, sagt er, doch sie läßt ihn nicht weiterkommen, sie bringt seinen Satz zuende, als lese sie ihn ab: »Daß jemand, der so gern ißt wie du, so dünn ist.«

Er ist irritiert. »Wiederhole ich mich?«

»Meine Mutter. Es war bei uns ein geflügeltes Wort.«

Wieder einmal weiß sie nicht, warum er die Brille abnimmt. Will er sie nicht sehen? »Die Alten«, sagt er, aber sie widerspricht: »Damals war sie jung.«

Er reibt sich den Nasenrücken, nachdenklich, als sei das nicht alles äußerst belanglos, was ist denn schon gesagt worden bis jetzt.

»Damals warst du halb so alt wie ich.«
Nach einer Sekunde des Nichtbegreifens, weil er nun wieder *sein* Damals meint, zuckt sie die Achseln.
»Ich rechne nur im Büro.«
»Was hast du mit vierundzwanzig gemacht?«
»Die Stelle gewechselt vermutlich, einmal im Frühling, einmal im Herbst. Sich umtun nennt man das, oder sich umtreiben lassen. So ganz scharf zu trennen ist das ja nicht.«
Sie lacht, doch er will nicht mitlachen. Er hört wieder einmal nicht zu.
»Hast du einen Freund gehabt?«
»Bestimmt. Ich hatte fast immer einen Freund.«
»Und warum hast du keinen geheiratet?«
Fassungslos starrt sie ihn an. Wie kann er das fragen. Was weiß er von ihr, wenn er *das* fragt.
»Daß er mir abhaut eines Tages? Nach Griechenland oder sonstwohin? Sich wünscht, ich möchte inzwischen zum Teufel gehen?«
Eine Antwort ist das nicht, sie gönnt ihm keine. Nur zurückschlagen will sie, ihn ebenso fassungslos sehen. Aber weder ihre Wortwahl noch was sie sagt, bringt diesmal sein Gesicht aus dem Lot. Die Brille setzt er auf, immerhin, und dann leert er sein Glas.
»Kein Mensch ist zum Teufel gegangen.«
»Dein Verdienst?«
»Im Zweifelsfall schuldig.«
Er sagt es versöhnlich, doch sie ist nicht versöhnt. Wenn sie ihm eine Schuld unterstellt hat, und möglich ist das durchaus, dann soll er sich wehren. Sie will nicht recht haben, sie will etwas wissen von ihm.

Die Hydraulik, er kann nicht länger warten. Wer weiß, wann Lisa endlich auftauchen wird, aus der Küche oder aus der Stadt.
Ist vielleicht gar niemand hier? Er allein in der Wohnung? Eingesperrt?

Die Zimmertür läßt sich öffnen, geräuschlos sogar. Aus der Küche fällt Licht auf den Gang. Er geht darauf zu, nicht mehr leise, wozu auch, er muß vorbei. Am Tisch sitzt aber nur der Großvater. Er liest die Zeitung, bewegt eine Lupe den Zeilen entlang.
– Ist Lisa nicht da?
Er muß zweimal fragen, bevor der alte Mann den Blick von der Zeitung nimmt. Weg, sagt er, sind alle weg.
– Und hat nicht gesagt, wann sie wiederkommt?
– Besser, du rufst an. Hast du keine Jacke? Kalt heute, hier steht's: siebzehn unter Null.
Er sagt, daß er eine hat. Der alte Mann nimmt die Lupe wieder auf. Wenn du zu Lisa willst, mußt du anrufen, sagt er, und da es nun nichts mehr zu sagen gibt, liest er weiter, läßt ihn einfach stehen.
Er stolpert über irgendwelches Schuhzeug, ertastet den Lichtschalter, wühlt bei der Kleiderablage nach seinen Sachen. Der Schal liegt am Boden, neben einem von Lisa, den hängt er auf. Er nimmt sich nicht die Zeit, die Jacke zu schließen, das Unklare der Situation setzt ihm zu. Weg will er, er ist überfordert, Lisa traut ihm mehr zu, als er kann. Wenigstens ist er nun draußen, er trampelt die Treppe hinab. *Etienne der Held.*
Was für ein Winter. Gegenüber schaufelt einer sein Auto aus dem Schnee. Das Weiß sieht grau und stumpf aus bei diesem Licht. Bald ist es zwei, und noch immer nicht richtig hell. Und eine Kälte, da macht er doch besser die Jacke zu.
Er schlägt den Kragen hoch. Rasieren müßte er sich. Und ein Telefon suchen. Er wird sagen, daß er bei Lisa wohnt. Zeit gewinnen, einen kleinen Vorsprung vor Vater. Lisa wird ihn abwimmeln; wenn jemand es kann, dann sie.
Sie hätte ihm eine Nachricht hinterlassen können. Wo ist sie hingegangen, freiwillig, an so einem Tag.
Die Kälte draußen behalten. Der Bauch geht, das warme Fleisch. Müßte aber dringend gefüttert sein. Ob es im Bahnhof Spiegeleier gibt, mit Speck?

Womöglich sitzt wieder Helen dort. Will er sie sehen? Könnte ja sein, daß die Geschichte noch auf sie paßte, aber vielleicht eben doch nicht, und was dann? Man müßte von vorn anfangen, alles würde sich verwirren.
Wenn sie dort ist, geht er woanders hin.
Den *Rechberg* kennt er auch. War einmal mit Vater drin, hinzitiert. Keine gute Erinnerung, liegt aber nicht am Restaurant.

Auf den Freund sei er gekommen, sagt Stefan (als habe er ihren Ausfall vergessen, als sei Vergessen die einzige Möglichkeit), weil er selbst wie ein Mönch gelebt habe in jenem Jahr. Nicht aus Überzeugung, es sei ihm nichts anderes übriggeblieben. Die Frauen dort seien alle in jemandes Besitz: des Vaters, des Verlobten, des Ehemanns – Angehörige im wahrsten Sinn des Wortes und selber auf nichts anderes bedacht, als ihrem Besitzer den Besitz zu erhalten. Und wenn sich zufällig eine gefunden hätte ohne diese Entschlossenheit, so würde noch immer die Kleinheit des Dorfs, wo alle alles von allen gewußt hätten, eine Liebschaft verunmöglicht haben.
Was übrigens das Besitzverhältnis angehe, so bilde es sich auch in der Sprache ab. Der Familienname stehe für Frauen und Töchter im Genetiv, wie *das Haus des X* sage man *die Maria des X*, so daß das kleine Mädchen nicht einfach dem Bruder nachplappern könne, wie es heiße, sondern seinen Namen besonders lernen müsse: andere Endung, andere Betonung; da lerne es mit dem Namen seine Angehörigkeit gleich mit.
»Eine genaue Sprache«, sagt Helen. Sie hat sich aufgefangen, während er geredet hat,
– man verletzt sich eben, anscheinend gehört es dazu.
Er füllt die Gläser nach, und als er ihr seins entgegenhebt, sagt sie über das ihre hinweg: »Blieb das Hotel. Oder waren einem Dauergast auch die Ausländerinnen verboten?«
Es habe sich nicht ergeben, und um es zu betreiben, sei es

nicht dringend genug, oder er nicht der richtige Mann gewesen. Ein Verhältnis zwischen Tür und Angel habe er zeit seines Lebens nie gehabt, er sei altväterisch, auch in dieser Hinsicht, er gehe lieber langsam auf jemanden zu. »Weißt du doch«, sagt er, und sie lächeln sich an, zuviel Intimität natürlich, viel zuviel. Stefan, um die Verlegenheit zu beenden, schaut sich nach der Serviertochter um und bestellt einen neuen Wein.
Warum er sich eigentlich das Trinken abgewöhnt habe nach jenem Jahr?
Es habe hier nicht gepaßt.
Aber dort hätten alle getrunken?
Nicht wie hier. Er habe nie, auch nicht während der Reise, einen Betrunkenen gesehen. Einer, den er anfänglich dafür gehalten habe, weil er durchs Dorf mehr gestolpert als gegangen sei, immer gestikulierend und laut vor sich hinredend, habe sich später als der Dorftrottel herausgestellt. Die Männer hätten zwar in der Taverne ganze Batterien von Retsinaflaschen geleert, doch habe man auch dauernd gegessen: Käse, Oliven, kleine gebackene Fische. »*Nur* trinken ist dort ebenso unbekannt wie *für sich allein* trinken. Wenn einer in die Taverne gekommen ist, und kein anderer war da, hat zumindest der Wirt sich zu ihm gesetzt.«
»Und zuhause?«
»Da hat der Wein – wie das Öl und das Mehl – im Küchenschrank gestanden. Verfügt hat darüber die Frau.« Zuerst habe er das bei seinem Hauswirt gesehen, dann habe er auch im Dorf darauf geachtet. Man lebe ja bei offenen Türen dort, fast alles, was man sehen wolle, könne man sehen. Immer sei es die Frau gewesen, die die Gläser gefüllt habe: dem Mann, den Söhnen, den Gästen; außer ihr habe keiner die Flasche angerührt.
Als Herrin oder als Magd? Das kann sie ihn so nicht fragen, weil nun die Serviertochter da ist mit dem Wein. Sie scheint nicht mitgehört zu haben, oder ist es ein Kommentar, daß sie die Flasche nach dem Eingießen neben Stefan stellt?

»Was weißt du noch von den Frauen?«
»Nichts.«
»Du meinst, daß sie zufrieden waren?«
»Keiner hat sie danach gefragt.«
»Aber du hast sie gesehen.«
»Nichts hat darauf schließen lassen, daß sie sich ihr Leben anders gewünscht hätten.«
Das Wünschen sei die Sache der Männer gewesen. Immer, wenn sie in der Taverne beisammengesessen seien, hätten sie sich aus ihrem Leben abgesetzt. Oft habe es mit Geld angefangen, leftá, ein Wort, das er gekannt und herausgehört habe, offenbar ein Reizwort für ihre Phantasie, die Voraussetzung auch für die Pläne, die sie entworfen hätten, und wenn er auch nicht begriffen habe, worum es jeweils gegangen sei: daß sie Großartiges erträumten und das Träumen sie in einen Zustand der Euphorie versetzte, das sei offenkundig gewesen, noch für einen Unbeteiligten wie ihn sei etwas abgefallen davon.
»Von Geld träumen sie in aller Welt.«
»Und rennen ihm nach«, sagt Stefan, »dort aber nicht.« Den Männern in der Taverne sei schon das Wort genug gewesen, damit hätten sie sich ihr Glück erfunden, und nicht nur ein künftiges; redend und erfindend hätten sie es sich täglich verschafft.
»Und du denkst, sie werden bei Gelegenheit nicht doch lieber das Geld nehmen?«
»Sie werden natürlich. Wahrscheinlich haben sie schon. Und überhaupt«, sagt er, »ich habe dich doch gewarnt. Alles, was ich erzähle, ist mehr oder weniger falsch.« Notwendigerweise, sie müsse nur an das Nō-Spiel denken. Als fremder Zuschauer könne man mit einiger Kompetenz allerhöchstens die Bilder beschreiben. Jeder unterlegte Text, jede versuchte Deutung sei Spekulation.
Griechenland sei nicht Japan, habe sie zu Stefan gesagt, doch nun habe sie den Eindruck, Japan sei sogar hier. Das Spital-Café zum Beispiel, wo sie manchmal sitze: unbegreif-

licher als ein Aquarium. Dabei werde pausenlos geredet, und in einer Sprache, von der sie bisher geglaubt habe, daß es die eigene sei. Zu all den Wörtern hinzu dann noch diese Gesichter, arrangiert, wie man sie wohl für passend halte, zum Anlaß oder zum Dekor.
– Was meinen die Leute, wenn sie das und das sagen, warum schauen sie so und so drein? An was für ein Regiebuch halten sie sich, und warum leben sie, diese schwatzenden Fische, während Stefan an seinen Schläuchen hängt? Und warum lebe *ich,* wozu zapple ich zwischen ihnen herum, unter Wasser gewissermaßen, und begreife doch nichts?
Nein, ihr Gesicht würde sich nicht so gut ausnehmen dort auf dem Bett wie seins. All das Unerledigte, die festgeschriebenen *Warum* und *Wozu* würden Stefan mißfallen. Er würde die Hand dagegen ausfahren lassen, aber diesmal doch wohl umsonst. Er müßte die lästigen Fragen aushalten wie sie jetzt sein Lächeln, und wenn das auch ein nutzloses Gedankenspiel sei (auch kläglich, wie das meiste, was ihr dort durch den Kopf gehe): manchmal beschwichtige sie ihren Zorn, indem sie sich diese Strafe für ihn ausmale, wobei dann eben er der vor die Tür Gesetzte wäre, und sie vom Herumlaufen dispensiert.

Was er in den Händen gedreht hat, die ganze Zeit schon, und nun gedankenlos aus der Jacke zieht, sind Äpfel. Tatsächlich: grasgrüne glatte Äpfel, in jeder Hand einer; er stopft sie gleich in die Taschen zurück. Wenn Lisa ihm die eingesteckt hat, und wer sonst sollte es gewesen sein, was hat sie sich gedacht. Ein Apfelfrühstück auf offener Straße, und bei dieser Kälte? Die Zähne tun ihm weh, wenn er nur dran denkt. Immerhin scheint sie mit seinem Auszug gerechnet zu haben, wird also nicht enttäuscht sein vom leeren Bett.
Was bedeuten Äpfel?
Sie hätte ihn besser geweckt, statt einfach fortzugehen. Sie

hat doch die aufgeplatzte Lippe. Vielleicht hat er ihr keinen Platz gelassen oder hat die ganze Decke für sich gebraucht. Ist man verantwortlich für das, was man schlafend tut?
Liebe Lisa. Komisch, daß man das bedenkenlos schreibt, aber nicht sagen kann. Wenn Vater *lieber Etienne* sagt, bedeutet es *dummer Etienne,* und man kann sich drauf verlassen, daß Unangenehmes folgen wird: Belehrungen, Forderungen, ein neuer Beweis seiner Unzulänglichkeit. Vaters Wörtern ist nicht zu trauen. Er sagt: Ich habe zu arbeiten, aber eigentlich heißt es: Halt den Mund. Er meint nicht, was er sagt, aber er sorgt dafür, daß man weiß, was er meint. Wenn er *die einfachen Leute* sagt, läßt er jeden merken, daß nur seine Großmut ihn hindert zu sagen: das beschränkte Pack. Wobei natürlich der Gärtner, die Sekretärinnen im Institut, auch Mutters Putzfrau Ausnahmen sind, denn das sind *brave Leute*, von ihm Erwählte, auf die er angewiesen ist und für die er, solange sie brav sind, ein wenig Glanz abfallen läßt von sich selbst.
Eine Übertreibung, klar, er *will* übertreiben. Vater zur Karikatur machen und über ihn lachen. Ihn weglachen – Lisa könnte das. Mit den einfachen Leuten darf er ihr zwar nicht kommen, da ginge sie in die Luft. Er muß sich etwas anderes ausdenken, etwas Unverfängliches. Später. Oder lieber doch nicht. Was soll Lisa mit Vater? Vater stört.
Es ist empörend kalt, wirklich, schon tun ihm die Ohren weh. Er hört nichts mehr, oder ist nichts zu hören? Kein Mensch unterwegs außer ihm. Der Sonntag vielleicht, der Schnee. Sitzen alle in der Wärme.

»Der Sonntag? Nicht ganz wie alle Tage. Das Klangbild zumindest deutlich verändert. Für einmal hat die Kirche den Vordergrund gemacht.«
Der Pfarrer habe seine Stimme dröhnen lassen, daß es eher gepaßt hätte für einen Dom, er habe ihn bis in sein Zimmer gehört, ihn und die ganze Liturgie. Da die Kirchentür und alle Fenster offen geblieben seien, habe jeder, auch ohne sich

hinzubemühen, am Gottesdienst teilgehabt. Die Gesänge hätten sich befremdlich angehört für westliche Ohren, so ungewohnt wie die Glocken, die dort nicht geläutet, sondern geschlagen würden, in einem vorgeschriebenen Rhythmus, je nach Anlaß, am Sonntag anders als bei der Vesper, und das Vespergebimmel, sagt Helen, hat er ihr sogar vorgezählt.

Praktiziert hätten vor allem die Frauen, wie überall. Die wenigen Male, wo er selber hingegangen sei, habe die Männerseite der Kirche ihm fast allein gehört. Nur an besonderen Tagen, dem Fest des Ortsheiligen etwa, in der Karwoche und vor allem an Ostern, bezeugten auch die Männer ihre Zugehörigkeit; da könne man sie, in steifen, feierlichen Anzügen, mitgehen sehen in der Prozession.

»An ein Bergdorf im Wallis darfst du nun aber nicht denken. Alles Finstere und Verbissene hat den Leuten gefehlt.«

Die Liturgie dauere zwei bis drei Stunden, doch die ganze Zeit sei ein Kommen und Gehen. Sogar der Psalmode, wenn er nicht gerade beim Singen sei, verlasse ab und zu seinen Platz, um mit einem der anwesenden Männer zu schwatzen. Die Kinder würden von den Müttern emporgehoben, um die Tagesikone zu küssen, aber weiter werde nichts von ihnen verlangt. Der Anlaß habe seine Würde, ohne daß die Beteiligten sich als Würdige aufspielten, und deshalb sei er geneigt zu glauben, ihre Religion habe mit dem ganzen Menschen zu tun, nicht nur mit seinem besseren Teil.

»Nein, verstanden habe ich nichts. Von der Natur ihres Beteiligtseins sowenig wie von der östlichen Kirche. Nur daß sie Teil ihres Lebens war – und nicht etwa bloß Farbe, sondern durchaus Stoff –, das habe ich gesehen.«

Soll einer wissen, was die mit dem Schneepflug sich vorgestellt haben. Daß man die Wälle am Trottoirrand überfliegt? Er haßt nasse Füße, und die Schuhe putzen muß er nun selbst. Fußgänger sind keine Menschen, versteht sich. Hoffentlich fährt wenigstens ein Tram.

In Sicht ist keins, doch man sieht nicht weit. Ein Auto schält sich aus dem Gewirbel heraus, zögernd und mit blassen Scheinwerferaugen. Fast lautlos schleicht es vorbei, taucht wieder ein in die trübe Schleierwand, weg wie nie dagewesen, nur er steht noch da, der Letzte von Atlantis; ein Tag zum Verlorengehen.

Wieder ein Auto. Hat er wirklich Gottseidank gedacht? Er muß auf und ab gehen, sonst friert er fest. Das Zähneklappern ist auch zu blöd, *mangelnde Beherrschung, davon wird dir nicht warm.* Möglich, daß Vater das nicht gesagt hat, ein paar seiner Mängel hat er eben versäumt. Nicht zu entdekken versäumt, bestimmt nicht, aber zu formulieren. Daß er ihm das nun abnimmt und die versäumten Mangelsätze mühelos selbst produziert, müßte Vater gefallen. Hat doch so viel geredet – nicht umsonst.

Ein Mann, ein Hund, ein Kind. Kommen aus dem Haus gegenüber, und als nichts mehr nachkommt, fällt die Tür hinter ihnen zu. Sie müssen über den Schneewall und sinken ein wie er, nur der Hund springt hinüber, nicht besonders geschickt. Erleichtert, als habe er hier gestanden, um auf sie zu warten, sieht er ihnen entgegen, er spinnt. Was er braucht, ist ein Tram, und da nun aus der Gegenrichtung eins einfährt, besteht immerhin Hoffnung, daß er nicht bis zum Abend hier herumstapft, zwei Schritte hin, zwei Schritte her.

Sie gehen hinter ihm vorbei zum Billettautomaten. Außer dem Schnaufen des Hunds und dem Zubeißen des Entwerters ist nichts zu hören, nicht einmal das Kind schwatzt. Auch als sie sich in seiner Nähe aufstellen, dicht beisammen, alle drei mit gesenkten Köpfen, fällt kein Wort. Der Hund hebt mal den einen, mal den andern Fuß aus dem Schnee, scheint aber weniger zu frieren als alle. Ob das von den Wolfszeiten herrührt? Einem Raskolnikow wäre hier auch nicht kalt. Was natürlich nicht heißt, daß ihm wohler wäre. Das Klima ist nie das Problem.

Ein Tram, endlich. Die Nummerntafel ist nicht zu lesen, ist

auch egal. Von der Fahrleitung sprühen Funken ab, es zischt. Die Tür reagiert nicht auf seinen Knopfdruck, er rennt zur andern, Kind, Mann und Hund hinterher. Die erste platzt dann doch noch auf, mit einem hämischen Schmatzgeräusch, aber er ist jetzt drin. Ein Vierer ist es, da muß er am Bahnhofquai raus.
Leute, die reden. Und Wärme. Seine Nase rinnt. Das Gesicht beginnt zu brennen, aber schlimmer sind die Ohren. Er preßt die Hände dagegen: Rauschen, stachliger Schmerz.

Das Unfaßlichste, und nicht nur für Helen: daß er es ausgehalten hat ohne Sprache.
– Muß man da nicht seine Stimme verlieren? Oder den Verstand?
Je länger er im Dorf gewesen sei, desto mehr habe er die Leute gemieden. Wenn einer ihn angesprochen habe, sei er erschrocken wie vor einer Prüfung: schon im voraus des Durchfallens gewiß. Trotzdem habe er, wider bessere Einsicht, nie aufgehört, sie verstehen zu wollen; es sei ihm als das mindeste erschienen, was er ihnen schuldig gewesen wäre an Höflichkeit. Da er es ihnen immer und immer habe schuldig bleiben müssen – was hätte er anderes tun können, als ihnen aus dem Weg zu gehen? Beim Einkaufen allerdings habe er ihnen nicht entkommen können. Manche seien ja mehrmals täglich im Laden erschienen: für einen Knoblauch, ein Heftpflaster, einen Beutel Kaffee, und es sei nie ohne ihre freundlichen, unverständlichen Sätze abgegangen. Er habe sich deshalb immer für möglichst viele Tage mit Vorräten eingedeckt.
Nur in die Taverne sei er nach wie vor gegangen, da habe man ihn als stummen Esser akzeptiert. Wenn einer auf einen besonders glückhaften Einfall gekommen sei, habe er vielleicht lachend herübergeschaut, um sich seiner Zeugenschaft zu versichern; er habe dann zurückgelacht, aber mehr sei dort nicht erwartet worden von ihm. Er habe in aller Ruhe essen und ihnen zuhören können; sobald die Erwartungen

nämlich weggefallen seien, habe er sie gern reden gehört. Laut sei es dabei zugegangen, auch in der Taverne, doch habe ihr Lautsein nie etwas Angestrengtes gehabt. Wenn er sie von der Gasse heraufgehört habe, sei er oft ganz sicher gewesen, daß es ihnen gar nicht um Mitteilung ging, sondern um das Vergnügen an ihrer Stimme, an der Mühelosigkeit, mit der sie sich von Haus zu Haus schicken ließ. Einmal sogar, beim Zuhören hinter der Balkontür, sei er auf den Gedanken gekommen, ihr Rufen sei, genaugenommen, ein Schreien vor Glück.

»So hat es geklungen?«

»Für mich. Und es war auch ansteckend.«

»Du hast geschrien?«

Kopfschütteln, ein kleines Lachen. Bleib draußen, heißt das, es ist deutlich genug. Helen will es nicht sehen.

»Du hast dir von ihrem Glück genommen? Es blieb einfach da?«

Sie weiß nicht, wie er das macht. Seine Haltung ist unverändert, doch er starrt von unsichtbaren Waffen, sein Gesicht ist ein einziges Verbot. Sie schweigt, aber es ist kein Rückzug, schon eher sammelt sie sich zum Angriff, sie läßt sich nicht abschütteln, diesmal nicht.

Möglich, daß er ihren Widerstand spürt. Oder warum gibt er nach? Nicht daß sich seine Miene aufgeweicht hätte, nur meint die Härte nun unverkennbar ihn selbst. Grimmige Entschlossenheit, sagt Helen, wie vor einem Sprung, vor dem sie ihn nun doch am liebsten wieder zurückgehalten hätte. Er habe den Blick auf den Händen behalten, vor sich auf dem Tisch, und den Händen oder dem Tisch habe er es erzählt.

»Das Haar zum Beispiel. Es war kein Coiffeur im Dorf, oder ich habe ihn nicht entdeckt. Zwischen dem einen Stadtbesuch und dem nächsten sind mir die Haare bis zum Kragen gewachsen, es fiel dort nicht auf.«

Er braucht eine Weile, bis er weiterkann, und ob er nach der Erinnerung sucht oder nach den Wörtern: es ist eine angestrengte Pause, zum Aufatmen zu früh.

»Das Gekräusel im Nacken. Manchmal ist es wie eine Berührung gewesen. Und ich bin draufgekommen – Ich habe sie mir gefallen lassen, ja, im doppelten Wortsinn. Es war gut, es war eine Art Glück. Wie das ihre. Doch, so ähnlich habe ich mir ihr Glück gedacht.«
Er ist klein geworden auf seinem Stuhl vor Verlegenheit. Nun nimmt er das Glas, trinkt, stellt es zurück, alles so langsam, so aufwendig, als müsse er die Bewegungen *denken*; eine Anstrengung, noch eine, bevor er sie wieder ansehen kann. »Und gleichzeitig der Haß auf das Altern?« fragt sie. Das Abweisende seiner Handbewegung steht in sonderbarem Gegensatz zum plötzlich entkrampften Gesicht. Er lächelt, oder beinahe, und als er nochmals getrunken hat, sagt er: »Das Jahr dort, weißt du, hat viele Zeiten gehabt.«

Vielleicht hat Helen nun die Augen geschlossen, hat versucht, sich an Stefans Stelle zu setzen, damals, um nicht zu fragen: Was noch? Er hat doch *zum Beispiel* gesagt. Was könnte ihr eingefallen sein, welches mögliche kleine Glück?
Mit Helen geht es nicht, er sieht sie nur reden. Lisa?
Lisa im Sommer, dort. Würde sich nackt in die frischen Leintücher legen, wenn sie von der Sonne noch warm sind. Würde sich zwischen zwei Schlucken das Coca-Cola-Glas über die heiße Wange rollen. Würde bloßfüßig durch den feuchten Sand laufen und die Haare fliegen lassen.
Nicht allein natürlich, bestimmt nicht allein.
Da liegt die Schwierigkeit: daß man sich Stefans Alleinsein nicht vorstellen kann. Zwar Helen vielleicht schon. Auch wenn sie sich mit Stefan getroffen hat, ein Mal in der Woche oder zwei, ist ihr noch eine ganze Menge Alleinsein geblieben, von dem sie nicht spricht. Was hat sie an den Abenden ohne Stefan getan? Ist sie womöglich schon früher im Bahnhof herumgesessen, bei einem Glas Wein zwischen fremden Leuten, und hat sich Namen für sie ausgedacht?
Er weiß es nicht, und wenn Lisa meint, daß es zur Ge-

schichte gehört, muß sie Helen selber fragen. Er weiß nur, was sie ihm freiwillig erzählt hat. Was den Abend im *Rechberg* angeht, ist es ziemlich viel.

»Ich habe deinen Meerspaziergang geträumt«, sagt sie zu Stefan, »irgendwann letzte Woche, mit dem lädierten Kopf.« Er nickt, ohne Neugier, Träume sind etwas, was man für sich behält. Kann sein, daß er denkt, für heute seien genug Grenzen überschritten, es sei Zeit für Harmloses jetzt. Der Traum *ist* aber harmlos, findet Helen; keine Entblößung, nichts, was seine Regeln verletzt.
»Geröll und Wasser, wie du gesagt hast. In einiger Entfernung der Felsriegel, da mußte ich hin. Trotz der Hitze hatte ich einen Mantel und Strümpfe an, ich kam nicht vom Fleck. Die Steine waren weiß, so aufdringlich weiß, daß sie geblendet haben. Und bewegt haben sie sich. Nicht nur dort, wo ich gegangen bin, sondern alle, überall. Das Komische: ich habe gewußt, daß ich schwimmen sollte; hinschwimmen, das würde gehen. Das Wissen hat nur nicht vorgehalten. Zwar ist es von Schritt zu Schritt wiedergekommen, doch bevor es zu einer Absicht hat werden können, war es wieder weg.«
»Das Fieber«, sagt Stefan. Und die Steine seien dort grau. In allen Abstufungen, auch mit Braun- und Blautönen. Während weiß – »Im vollen Mittagslicht vielleicht. Für einen zusammenfassenden Blick aus großer Distanz.«
Helen lacht. Er verbessert ihren Traum, das gefällt ihr. Das Weiß ist ihr unangenehm gewesen, so unangenehm, daß sie meint, es habe sie mehr aufgehalten als das Rollen der Steine und die Hitze, und sie ist froh, daß es anders ist, dort oder in seinem Kopf, daß sie falsch geträumt hat, zu grell.
»Was hast du beim Felsriegel gewollt?«
»Ankommen. Hinübersehen.«
»Konnte man nicht.«
Er habe es gesagt, ja, aber ihr Traum habe es nicht gewußt.

Und das Blau? Ob er das Blau gewußt habe? Neun Zehntel des Bildes seien dort blau.
Sie sagt ja, ihm zuliebe. Sie kann sich sein Bild vorstellen, glaubt sie, nur sieht sie, wenn sie an ihren Traum zurückdenkt, keine Farben. Ist aber nicht wahrscheinlich, daß er welche gehabt hat? Sie hat sie wohl einfach verloren.
Die Serviertochter, weil sie eben Zeit hat, tritt an den Tisch, um ihnen nachzugießen. Stefan deckt die Hand übers Glas: »Mir lieber Kaffee.«
Sie dreht an dem ihren, den Stiel zwischen Daumen und Zeigefinger, der Fuß erzeugt auf dem Tischtuch ein winziges Schabgeräusch. Sie horcht darauf, während sie versucht, mit einer neuerlichen Gereiztheit fertigzuwerden. Da bestellt er Wein und läßt sie alleine trinken, obwohl er doch heute kein Auto hat. Und warum ist sein Gesicht schon wieder ihrer Fragen gewärtig, wo er doch gar nicht antworten will? Sein griechisches Dorf ist ihr nachgerade zuwider: dieser Hintergrund für fast gar nichts, oder wofür.
»Die Besucher hatten wir noch nicht.«
»Doch. Die Hausleute mit der Bettwäsche, davon hast du erzählt.«
Es seien auch andere gekommen. Seine Tür, über eine Außentreppe erreichbar, sei eine Tür wie andere gewesen; wie die Leute vom Dorf habe er sie am Morgen aufgemacht und tagsüber offenstehen lassen, und hin und wieder habe das jemanden heraufgelockt. Es seien immer junge Leute gewesen, Mädchen oder Burschen mit großen Taschen, die sie bei ihm abgestellt und zu öffnen sich angeschickt hätten. Was drin gewesen sei, Dinge zum Verkauf oder Werbematerial, wisse er nicht. Er habe gleich gesagt, daß er kein Griechisch verstehe, und als Folge hätten sie ihre Taschen geschlossen gelassen oder bereits geöffnete wieder zugemacht. Bestimmt seien es Studenten gewesen, angereist aus der Stadt, denn sie hätten jeweils ein paar englische Sätzchen gesagt, aus bloßer Freundlichkeit, nicht etwa in der Absicht, ihr Verkaufs- oder Werbegespräch nun auf

englisch zu führen. Als Nichtgrieche sei er für das, was sie anzubieten gehabt hätten, offensichtlich nicht in Betracht gekommen, und mit *Excuse me* und *Goodbye Sir* seien sie wieder gegangen. Ein einziges Mal habe ihm ein Mädchen ein paar Drachmen abgeschwatzt, für anämische Kinder, wenn er sich richtig entsinne, dafür sei ihm ein armseliger Wandkalender ausgehändigt worden, Beleg sozusagen für seine Mildtätigkeit.

»Also doch Mädchen allein«, sagt Helen.

»Auswärtige, ja. Von der Art, wie du sie überall treffen kannst: unbedenklich, ein wenig frech, Allerweltsmädchen halt.«

Ob er sich die Welt vielleicht voll wünsche von den Haus- und Herdbewahrerinnen seines Dorfs?

Er meine nur, daß die Besuchermädchen nichts Ungewöhnliches gehabt hätten, während die Frauen dort –

»Die gehörten zu deinem Zoo.«

Darauf antwortet er nicht. Vielleicht weil die Serviertochter nun seinen Kaffee bringt. Viel länger als nötig rührt er um. Sie beißt sich auf die Lippen, aber dann spuckt sie es doch aus. Er soll endlich den Löffel in Ruhe lassen und nicht tun, als sei sie nicht da.

»Fremde Tiere. Ist es das, was euch an uns fasziniert?«

Sie fängt wieder an, an ihrem Glas zu drehen. Er greift hinüber und hält ihre Hand fest.

»Wen fragst du? Oder fragst du gar nicht?«

Die vertrauliche Geste, mitten in einem vollbesetzten Lokal, müsse ihn etwas gekostet haben, sagt Helen, nur sei sie dafür nicht empfänglich gewesen. Sie habe sich in die eigene Frage verbissen gehabt, wütend verbissen, und sein Abwiegelungsversuch, wofür sonst hätte sie es halten können, habe sie noch wütender gemacht.

»Wie dein Dorf. Das Fremde muß man nicht begreifen. Es hat den Sinn, den man ihm unterstellt.«

Er läßt ihre Hand los, und weil sie überzeugt ist, daß er sich nun hinter die Herrenmaske rettet, schaut sie ihm nicht ins

Gesicht. Er soll nicht gerettet sein. Hat sie das wirklich gedacht?
»Was mich betrifft – Ich würde auf den Reiz des Fremdseins gern verzichten.«
Sie hat es in ihr Glas hinein gesagt, doch nun wird der Gegendruck seines Schweigens so hart, daß sie aufgibt. Ich bin alt, du kannst mich nicht neu machen, hat er einmal gesagt. Bloß was soll sie mit dem, was er zurückweist? Ersticken daran?
»Deine Tochter sagt nie solche Sachen?«
»Nicht zu mir.«
»Sie schont dich. Sie weiß, wie du reagierst.«
Er denke eher, sie wisse, daß es zu spät sei. Daß es wenig Sinn habe, seinen Atem an ihn zu verschwenden, weil er ja doch nichts verstehe. Und selbst wenn er noch etwas hinzulernen könnte, was finge er jetzt noch damit an.
»Und du meinst, daß ihr nicht schnuppe ist, was du lernst? Vielleicht ist sie so gewöhnlich wie ich und will nur, daß jemand zuhört und Antwort gibt. Hat aber Pech mit dem Jemand. Der hält, damit er nicht zu antworten braucht, einfach die Türe zu.«
Zu laut, viel zu laut. Stefan sieht sie an, und sie starrt zurück. Sein Herrengesicht ist auf der Strecke geblieben, auch anderes vielleicht. So ungeschützt, wie er nun dasitzt, hat sie ihn nie gesehen, aber ein Triumph ist es nicht. Er schaut wieder auf seine Hände, senkt sogar den Kopf, will nun offenbar alles über sich ergehen lassen, stumm und unglücklich, kein Gegner natürlich, gegen so ein Gesicht führt man keinen Krieg.
Sie trinkt ihr Glas aus, geht hinaus zur Toilette und gießt sich, als sie zurückkommt, den Rest aus der Flasche ein. Sie wartet, daß er etwas sagt oder tut. Bestraft er sie für ihre Unbotmäßigkeit, indem er sich nicht rührt? Sie hat ihn gekränkt, womöglich mit Absicht; auch wenn sie sich keiner bewußt ist: sie traut sich eine Absicht zu. Nur daß sie bestimmt nicht gewollt hat, daß er klein beigibt. Warum

weicht er immer zurück und läßt sie ins Leere treten? Sie kommt sich lächerlich vor. Hysterisch. Allein.
»Stefan.«
Er schaut auf, doch, und sie versucht ein Lächeln. Er erwidert es nicht. Seine Stimme klingt fremd.
»Wie kann ich antworten. Ich weiß eure Antworten nicht.«
Er hält noch bei ihrem Vorwurf, will also für einmal nicht tun, als sei nichts passiert. Daß sie das schon fast glücklich macht, ist natürlich absurd.
»Warum sollten deine nicht passen?«
»Sie passen auf andere Fragen. Vielleicht. Wir haben anders gefragt.«
Damals, ja, aber mit ihr ist er jetzt. Muß sie das sagen? Ein Abend des Zu-weit-Gehens, also auch noch das.
»Aber du und ich –«
Er unterbricht sie. Er sagt: »*Du* fragst, ich frage nicht.«
Da habe sie nun wieder ihren roten Kopf gekriegt, und es sei an ihr gewesen, verstört zu sein. Sie habe plötzlich begriffen.
– Er brauchte nichts mehr, Etienne, oder nicht dringend genug, um zu fordern. Er ließ sich die Tage zufallen und mich und alles übrige. Er hielt nur noch die Hände auf.

Helens Gesicht. Eben war es da, zusammen mit ihrer Stimme und ganz deutlich. Warum kann er es nicht behalten? Er kann die Beschreibung abrufen, klar. Aber sie ist nur ein Raster, auch andere paßten hinein.
Ob sie sich ihr verzweifeltes Reden verzeiht? Kann sein, sie haßt ihn inzwischen, weil er Zeuge ihrer Geschwätzigkeit war. So wird sie es sicher nennen, hart gegen sich und ohne Nachsicht; ist ja niemand mehr da, der ihr Sanftheit suggeriert. Oder sie denkt, daß er alles schon vergessen hat, abgetan zumindest – womöglich für sie mit.
Central, na bitte, nun hat er doch den Bahnhof verpaßt. Blöd ist er, aber wenigstens ist ihm wieder warm. Besser, er

geht zu Fuß zurück, als daß er in der Kälte herumsteht bis zum nächsten Tram.
Mit wieviel Tonnen Schnee der Erbauer der Bahnhofbrücke wohl gerechnet hat? Die Brücken, soviel er weiß, werden immer zuerst geräumt. Traut man den Ingenieuren nicht, oder weshalb? Hier zwar ist noch niemand beim Räumen, die Schneeschaufler können ja nicht überall sein. Ohnehin schneit es weiter und weiter, sie müßten, kaum fertig, von vorn anfangen. Unheimlich zu denken, wie die Stadt langsam begraben wird. Aufgegeben wirkt sie schon jetzt. Abgetreten an den Winter, an ein paar Versprengte wie ihn.
Im Bahnhof werden Leute sein, im Bahnhof sind immer Leute. Und Lärm. Auf den freut er sich fast ebenso wie aufs Essen. Hier ist es zu leise, eindeutig. Als habe einer den Ton abgedreht.

VI

Lisa sagt: Was ist schon dabei.
Er versteht sie nicht. Statt Vater abzuwimmeln, läßt sie sich einladen. Wie kommt er überhaupt zu ihrer Adresse. Immer ist er schneller, immer, wenn die andern angekeucht kommen, ist er schon da. Aber daß Lisa ihn nicht stehenläßt. Setzt sich an einen Tisch mit ihm bei der ersten Gelegenheit, und er hat immer gemeint, er müsse ihr das ersparen.
– Du kennst ihn nicht.
– Eben. Warum soll ich nicht wissen, wer dein Vater ist.
– Ein Haifisch, so sagst du doch.
– Mich frißt er nicht auf.
Kann ja sein. Hat er ihr nicht selbst Vater aufhalsen wollen? Was hat er sich nur gedacht. Ein Fingerschnippen von ihr, und Vater zieht sich zurück, ja, das hat er ihr zugetraut. Sie hat aber nicht mit den Fingern geschnippt, ganz im Gegenteil. Was glaubt sie denn, warum Vater sich einläßt mit ihr? Den Fall Etienne wird er ihr vortragen, aufs gepflegteste natürlich, nach allen Regeln seiner Kunst. Bluffen wird er auch. *Sie also sind Fräulein Lisa? Mein Sohn hat Geschmack.*
– Du wirst ihm meine Adresse sagen.
– Nicht, wenn du nicht willst.
– Du wirst über mich reden. Du verkaufst mich für ein Nachtessen. Vater legt dich herein.
Warum regt er sich so auf. Muß er sich das vorstellen? Die zwei bei Kerzenlicht an einem weißgedeckten Tisch. Lisa, die lacht, ihr schönes Lachen, weil Vater seine Mängel so gekonnt in Worte faßt. Sie wird nicht festhalten können an dem, was sie selber weiß, Vater wird es zudecken, er kann reden, bis man sich selbst nicht mehr kennt. Und wenn sie alles verwirft, was er sagen wird, gehört hat sie es doch. Sie wird morgen nicht mehr dieselbe sein. Zuhören hat Folgen, egal, ob wahr oder falsch ist, was man hört.

– Etienne.
Sie braucht nicht zu rufen, er ist noch da, ein Trottel in einer kalten Telefonzelle, den feuchtgeschwitzten Hörer am Ohr. Vater trickst ihn also aus, wieder einmal, und Lisa spielt mit. Auf ihre Art vielleicht, doch es wird nichts ändern. Schon daß sie sich trifft mit ihm, daß sie sich anschauen läßt, daß sie ihm Gelegenheit gibt, seine Nummer abzuziehen –
– Komm einfach mit.
Sie lacht, und nun heult er, aufgelegt hat er auch. Den Anruf zuhause kann er sich sparen jetzt. Vater läßt sich nicht ins Bild setzen, er hätte es wissen müssen; Vater springt selbst hinein, und gleich ist es ein anderes Bild, in Unordnung gebracht und unübersichtlich, nur Vater natürlich, der behält die Übersicht, der zupft an den Fäden und Lisa kommt angetanzt, der Sohn wird ins Off gepfiffen, er wird vorläufig nicht gebraucht.
Widerlich, diese offenen Zellen. Gleich hinter der Trennwand ein Italiener, *freddissimo, monti di neve, orribile* undsoweiter, der will wohl auf der andern Seite der Leitung bedauert sein.
Wohin jetzt? Nicht in den Schnee. Herumhängen, bis es Zeit wird fürs Taxi, was liegt an der Hydraulik. Er wird sich warm gehen, kreuz und quer durch die Halle oder auf den Perrons. Nicht an Vater und Lisa denken, das vor allem. Er muß nur das Bewußtsein klein machen, sich etwas aufgeben, das hilft. Griechisch bis tausend zählen, kann er das noch? Oder deklinieren. O ánthropos, tou anthrópou, ton ánthropo, Vokativ: ánthrope. Im Plural wechselt die Betonung auch im Akkusativ, er weiß es, obwohl er dann beim Reden doch Fehler macht, weil man ja nicht immer an alles denken kann. Wenn er soviel Zeit gehabt hätte wie Stefan –
Komisch, daß man einen Menschen nicht denken kann ohne Bild. Helen hat nicht gesagt, wie er aussieht, aber das Gehirn läßt nicht zu, daß eine Leerstelle bleibt. Es füllt den Platz mit einer Vorstellung auf, und da man anscheinend nicht in der Lage ist, sich einen vorzustellen, wie noch nie einer gewesen

ist, setzt man jemanden ein, den man kennt. Oder vielmehr: er setzt sich selber ein. Er kann sich jedenfalls nicht erinnern, daß er einen Stellvertreter gesucht hätte, und nun gibt es sogar zwei. Abwechselnd hängen sie sich an Stefans Namen, agieren für ihn, sprechen seine Sätze, und wenn der eine nicht paßt, springt gleich der andere ein. Daß alle beide Fehlbesetzungen sind, ist klar, doch wenn Helen sich auch bedanken würde: *nur* beleidigend sind seine Ersatzleute nicht. Ein ausgesprochen schöner Mann der eine, braungebrannt und mit einer imponierenden Baßstimme. Er ist bei seiner Fahrprüfung Experte gewesen, groß, breitschultrig, ein Hüne mit schlohweißem Haar. Seine Virilität hat ihm ein wenig Angst gemacht damals, aber er hat ihn sofort vergessen. Daß der nun aufgetaucht ist aus der Versenkung, um Stefans Platz einzunehmen, ist immerhin merkwürdig. Begreiflicher ist der Lehrer, den hat er nicht nur einmal gesehen. Deutsch hat er unterrichtet, einer von der angenehmen Art. Ein unauffälliger Mensch im Vergleich zum andern. Graues, kurzes Stoppelhaar, ein Gelehrtengesicht, aber nicht asketisch und nie gelangweilt, eher gelassen, ja, von einer hellwachen Gelassenheit. Hat sich nachlässig gehalten und doch nicht müde gewirkt. Etwas jünger als Stefan vermutlich, mit fünfundsechzig werden sie ja pensioniert.
Der Lehrer würde anders reden, auch anderes. Den Liebhaber traut er ihm nicht zu. Während der vom Straßenverkehrsamt – Vor lauter Siegesgewißheit wird er wohl ziemlich gewöhnlich sein. Gehört vielleicht zu denen, die einen Klaps auf den Hintern für einen Gunstbeweis halten. Da würde er bei Helen schön ankommen. Bei Lisa übrigens auch.
Stop.

Der *Rechberg,* nochmals. Helen gegenüber: der Germanist. Sitzt vor seinem Kaffee, ein alter Mann mit braunfleckigen Händen, ein wenig gebeugt, und schaut auf den Seilergraben hinaus. So gelassen, wie er aussieht, ist er vielleicht nicht, aber sicher gelassener als sie. Mit brennendem Gesicht und schon wieder erschöpft, den Kopf leer bis auf seinen Zwiebelsatz, der sich verhakt hat, ein sinnloser Refrain, hält sie sich fest an ihrem Glas. Als sie nach einer Weile seine Glätte spürt, nimmt sie es auf, trinkt und spürt sich trinken, und dann steht auch der Tisch wieder da, etwas vergleichsweise Festes, das standhält, als sie die Arme aufstützt. Das griechische Sätzchen wird leiser, und nun hört sie plötzlich die Stimmen, all die lebhaften Unterhaltungen rundum. So hat Stefan früher seine Geschichten erzählt, so unbefangen und unterhaltsam, glaubt sie – aber weiß sie es noch? Sie begegnet seinem Blick und weicht ihm aus; er soll ihr nicht ansehen, daß sie unglücklich ist, was kann er dafür. Er ist, was er sein kann, und mehr als das ist sie auch nicht, niemand ist mehr als das. Das Problem ist nur –

»Du mußt schlafen gehen.«

Natürlich, sie war krank, sie darf müde sein. Denkt Stefan vielleicht, daß das alles erklärt? Was soll sie selber denken, was von sich halten nach diesem Abend? Dreht sie durch?

Er begleitet sie zum Tram. Als sie einsteigt, gibt er ihr den Beutel mit der Jacke, an die Jacke hat sie nicht mehr gedacht. Nochmals schießt ihr das Blut ins Gesicht, doch das sieht er wohl nicht, weil nun glücklicherweise die Tür zugeht. Er hebt grüßend die Hand und überquert die Straße hinter dem Tram, noch bevor es anfährt. Sie sieht seinen hellen Anzug sich entfernen, Richtung Kunsthaus, dort gibt es Taxis. Oder wird er so weitergehen bis zu seinem Haus? Wie geht er, wer geht so, woran erinnert sie sein Gehen? Ihr müder Kopf gibt nichts her außer den Fragen, unnützen Fragen natürlich; er geht eben, er bewegt sich fort auf seine Art.

Sie traut sich nicht, sich hinzusetzen, weil sie sonst vielleicht einschläft. Auch den Plastikbeutel, obwohl ihr gleich die Hand zu schwitzen beginnt, stellt sie nicht ab.

Warum hören die nicht endlich mit den Durchsagen auf? Klar, daß die Züge Verspätung haben, kann man sich ja ausrechnen bei diesem Wetter, auch ohne das Lautsprechergedröhn. Und nun muß sie zweimal ansetzen für das Wort *ritardo,* fast hätte sie *ritardando* gesagt. Vielleicht ist sie musikalisch, die Dame, oder einfach nicht bei der Sache. Jetzt stolpert sie sogar über ein deutsches Wort, und gleich nochmals, die hat ihren schlechten Tag. Sie könnte ebensogut den Mund halten, was soll's. Ob aus Chur oder Bellinzona oder Brüssel: kommen doch alle noch früh genug. Was wäre zu versäumen an einem Sonntag wie dem?

Der Perron ist so düster, weil Schnee auf dem Glasdach liegt, hat er gedacht, doch nun ist er vorn, und es ist kaum heller, der Tag ist kein Tag, die Dämmerung hat sich seßhaft gemacht. Nur ein paar Meter weit sieht er die Gleise weglaufen, es schneit und hört nie mehr auf.

Umdrehen, er will nicht schon wieder naß werden, die Hose ist ziemlich trocken jetzt. Er hätte doch den Mantel mitnehmen sollen, den Mutter ihm gekauft hat. Gewollt hat er ihn nicht, wie verkleidet ist er sich vorgekommen, als er ihn anprobiert hat, doch nun hat er eiskalte Knie. Wer rechnet mit so einem Winter. Einen russischen Pelz würde man brauchen, und hohe Stiefel. Besser noch ginge man gar nicht hinaus. Man könnte, um einen riesigen Kamin gruppiert, die Geschichte von Luka Sawitsch belachen, tränke Tee aus dem Samowar –

Er hat sich nicht für die Äpfel bedankt. Lisa hat auch nichts gesagt, hat wohl alles vergessen über der Aussicht, mit dem Herrn Professor essen zu gehen. Kein Wort von heute früh: weshalb sie gegangen ist, und wohin. Er hätte nicht auflegen sollen, natürlich, auflegen ist gemein.

Hoffentlich sucht sie sich das Teuerste aus.

Bestimmt wird sie nichts sagen und nichts tun, was sie ihm nicht erzählen dürfte. Aber er will es nicht wissen. Er will nicht hören, wie es war, will nichts von Vater hören, nicht

durch Lisa. Er soll sich breitmachen, wo er will, alle Welt mag von ihm reden, gut oder schlecht, es ist seine Sache, aber in Lisas Sätze gehört er nicht. Sie muß ihn für sich behalten, er wird es ihr sagen, er wird –
Nicht, es hat keinen Sinn.
Helens Hand auf dem Tisch. Griechenland. Ein Mann, der stirbt. Ich könnte ja Ihre Mutter sein. Eben nicht.
– Im Winter stirbt man.
– Seh ich so aus?
Falsch, falsch. Láthos.
Er müßte wieder ins Griechisch gehen, nur wann. Nach Griechenland kommt er auch nicht mehr so bald. Keine Zeit mehr, für nichts. Und jetzt schlägt er sie tot.
To tréno: der Zug, Bahnhof: o stathmós, Kinder: paidiá, Leute: o kósmos, Koffer? Hat er vergessen. Na also, xéchasa, xéchases, xéchase, xechásame, xechásate, xéchasan. Müssen ja nicht unbedingt Zwiebeln sein. Wörter heißt léxeis, kainoúries léxeis hat über den Vokabeln am Ende der Lektionen gestanden. Was bedeutet dann lógia?
Totschlagen stimmt nicht, die Redewendung ist blöd. Als ob man der Zeit etwas anhaben könnte. Sie kümmert sich doch kein bißchen darum, was man tut. Ob er über der Hydraulik sitzt oder hier sinnlos herummarschiert: es wird Abend werden wie jeden Tag, er wird sich mit Ernst ins Taxi setzen, Lisa mit Vater ins *Dézaley* –
Er ist unkonzentriert, er muß sich konzentrieren. Im *Rechberg* war er, das heißt: danach. Helen auf der Heimfahrt. Nein, da ist nichts mehr drin.

Die Woche darauf. Sie sollte ihn anrufen, vielleicht, da er nichts von sich hören läßt. Sie ist drauf und dran, aber dann tut sie es doch nicht, sie bringt es nicht über sich. Nicht daß sie ihm unrecht gäbe und sich selber recht; auch nicht umgekehrt. Kann sein, daß sie sich einfach gegen das Zufallen wehrt, daß sie meint, dieses eine Mal müsse er sagen: Ich will. Und so wartet sie auf seinen Anruf, sie weiß nicht, mit

welchem Recht, oder vielmehr: sie weiß, daß sie keins hat. Der Anruf kommt aber doch.
Sie hat ihre Wäsche gewaschen und ist dabei, sie im Schlafzimmer auf den Trockenständer zu hängen. Das Telefon steht auf dem Nachttisch, das erste Klingeln läßt sie zusammenfahren, sie denkt, daß es ihre Mutter ist, sie ruft oft am Sonntag an.
»Ich glaube, ich tu dir nicht gut.«
Sie setzt sich aufs Bett, hält den Hörer mit beiden Händen, hört in ihrer Atemlosigkeit den Wecker ticken, sieht, wie es von den Strümpfen auf den Spannteppich tropft, schlecht ausgewrungen hat sie, sie preßt sich den Hörer ans Ohr.
»In meinem Alter, weißt du, stirbt man an einem Abschied nicht mehr.«
»Ja«, sagt sie, »ich weiß.« Doch da er nun schweigt und sie fürchtet, daß nichts mehr nachkommt, fragt sie halt wieder, *muß* fragen, er erläßt es ihr nicht.
»Und du selbst? Du redest nicht mit?«
»Es ist *dein* Leben.«
Wäre seine Antwort nicht voraussehbar gewesen? Ebenso wie die Frage, die sie nun zu stellen hat? Als sei bereits alles gesagt worden, und man spreche sich nur noch nach.
»In deinem gibt es mich nicht?«
»Gibt es dich?« fragt er, und jetzt lacht sie, denn das war es ja wohl, sein *Ich will*, ein entschiedeneres ist nicht zu erwarten.
Den Sonntag hat er ihr nie vorgeschlagen bisher. Natürlich hat sie Zeit, wann denn eher. Nein, abzuholen braucht er sie nicht, sie geht mit dem Tram.
Er sitzt bei den Birken. Als er sie kommen sieht, legt er das Buch in den Rasen und steht auf. Sie hat die neue Jacke an und weiß, daß er es bemerkt. Auch wenn sie ihr nicht gepaßt hätte, würde sie sie heute angezogen haben, doch sie paßt, sie fühlt sich sogar wohl darin.
Er hat schon einen Sessel für sie in den Schatten gestellt, und nun sieht sie zum erstenmal die Rosenmauer im vollen Licht.

Bauernrosen, fällt ihr ein, und sie muß lachen. Sollte er nicht der Namen wegen andere haben, *Etoile de Hollande, Plein ciel, Youki San?*
Er sei kein allzu guter Gärtner, sagt er. Am liebsten habe er, was von selber wachse, daran könne er nichts verderben.
So besorge er den Garten allein?
Der Gärtner, der sich früher drum gekümmert habe, die ganze Zeit schon, seit er hier wohne, sei gestorben. Er habe sich nicht an einen neuen gewöhnen wollen, noch dazu, wo er doch zu denen gehöre, die man neuerdings Senior nenne. »Eine Menschenklasse für sich, du mußt nur die Zeitung aufschlagen. Zu nichts mehr gut, herausgefallen aus Beruf und Leben, haben wir nichts so nötig wie Beschäftigung.«
Sie lachen, beide, obwohl Helen sich ein wenig schämt. Aber was hätten sie denn davon, die andern, die nicht so leicht lachen haben, wenn sie sich das Lachen verbisse? Sie könnte sagen: *Du bist privilegiert,* Stefan würde antworten: *Ich weiß* – für wen wäre etwas gewonnen dabei?
»Dir hat der Beruf nie gefehlt?«
»Nie.«
Aber er habe ihn doch gemocht. Oder ob sie ihn da falsch verstanden habe?
Er sei ihm recht gewesen, doch, aber hinzugefügt habe er ihm nichts. Auch nichts weggenommen allerdings. Er habe sein Fach beherrscht, gewaltlos sozusagen; man habe sich gegenseitig unversehrt gelassen, und so habe das Auseinandergehen sowenig Tücken gehabt wie das Zusammensein.
Helen lehnt sich zurück. Sie ist ausgeschlafen, friedlich, sie kommt ohne Weiterungen aus. Ein wenig fühlt sie sich wie in den Ferien: die Wärme, die Stille, das Nichtstun, dann die Rosen und daß Stefan dabei ist – Sie verschränkt die Arme im Nacken, schließt halb die Augen, blinzelt ins Laub der Birken hinauf.
»Schön bei dir.«
»Und doch willst du nicht bleiben.«

Nein, sie reißt nicht die Augen auf, sie bewegt sich überhaupt nicht. Sie muß nicht einmal schlucken oder sich räuspern, bevor sie Antwort gibt.
»Es ist euer Haus.«
»Ich kann kein neues mehr bauen.«
»Nein.«
Das hat nicht so obenhin geklungen, wie es hätte sollen, und so nimmt sie nun doch die Arme hinter dem Kopf weg und setzt sich auf; Zeit genug, daß das Spröde aus ihrer Stimme verschwinden kann.
»Ich passe in keine Häuser.«
»Du hast dir nie eins gewünscht?«
»Einen Garten manchmal. Oder nur einen Baum. Aber keinen immergrünen, einen mit Jahreszeiten. Am liebsten eine Linde. Mit Vögeln drin und Käfern, im Frühling das Bienengesumm, im Winter –«
Sie schwatzt, du lieber Gott, schwatzt irgendwas daher. Sie lehnt sich wieder zurück, schließt die Finger um die Armlehnen, weil sie nun doch zu zittern angefangen haben. Stefan schweigt.
»Zeigst du mir die Fotos?«
Er steht nicht gleich auf, läßt sich nicht einfach fortschicken, falls das ihre Absicht gewesen ist.
»Ich dachte, du hast genug.«
»Nicht ohne die Fotos«, sagt sie, und wenn sie es auch möglicherweise nur sagt, damit Stefan geht und aufhört, sie anzusehen, überfällt sie doch plötzlich der Verdacht, ihre Weigerung am Anfang sei ein Fehler gewesen. Vielleicht wäre alles anders verlaufen, wenn sie sich die Fotos angesehen hätte; vielleicht hätte Stefan sich nicht so geplagt.
Er bleibt lange weg. Ihr zuliebe? Suchen muß er die Fotos nicht, er hat sie ja kürzlich angeschaut. Selbst zum Estrich und zurück würde er nicht so lange brauchen. Aber das Zittern läßt nach. Er hat sie überrumpelt, weshalb? Denn daß sie sich einrichten will auf einem zufällig freigewordenen Platz, mit Familienfoto und Blautanne und Aussteuer-

porzellan, kann er sich unmöglich vorgestellt haben. Bestimmt wäre er aus allen Wolken gefallen, wenn sie gesagt hätte: Ich will schon. Eigentlich hat er ihr gar nicht freigestellt, zu wollen oder nicht, und daß sie sich aus der Fassung bringen läßt von einem Angebot, das gar keines war –

Ein Schuhkarton, sie hätte es sich denken können; alle heben ihre Fotos in Schuhkartons auf, sie auch. Er legt ihn ihr in den Schoß, und weil sie zögert, hebt er selber den Deckel ab, wirft ihn mit betonter Beiläufigkeit in den Rasen; er will keine Feierlichkeit, heißt das. Die Fotos liegen verkehrt, mit der weißen Rückseite nach oben, und als sie das erste umdreht, ist sie überrascht, daß es schwarzweiß ist, sie hat sich seine Bildergeschichte immer farbig gedacht.

Einer der Wege, von denen er gesprochen hat: zwischen den Grautönen von Umgebung und Himmel nahezu weiß. Seine Dürre und Schattenlosigkeit lassen die Macchia als Wüstenflora erscheinen, Helen denkt: karg, aber es stimmt nicht, oder üppig stimmt nicht weniger; eine Urlandschaft, in der nichts an Menschen denken läßt, die ausfransende Wegkerbe zuallerletzt.

Sie stellt den Karton auf den Boden, greift sich einen Stapel Fotos heraus und blättert sie durch, auf den Knien, während er sie nicht aus den Augen läßt.

Fotos vom Meer, manchmal kaum, manchmal wie mit einer gezeichneten Linie gegen den Himmel abgegrenzt. Er hat sich nicht die Mühe gemacht, den Bildern einen Vordergrund zu geben, einen Baum etwa, eine Felskante, ein Haus. Auch kein Ufer ist da, nur die Leere von Himmel und Meer. Merkwürdig leer auch die Bilder vom Dorf: Dächer, Drähte, Baumwipfel, der Kirchturm, offensichtlich vom Fenster aus geknipst. Undenkbar, daß unter diesen Dächern jemand haust, kein Bäcker, keine Krämerin, nicht einmal Katzen. Das Dorf als Landschaft, wie die Hügel, wie die Wege, wie das Geröllband am Meer, das nun doch noch ins Bild kommt, mit dem Blick zum Felsriegel, sie erkennt ihn sofort. Ein paar Wellenbilder, von ganz nah, dann die Wäsche auf

dem Dach, Hemden, Leintücher, Socken, wem gehörig, oder gibt es das: *Wäsche an sich*. Zweierlei Sonnenuntergänge: unverstellt die einen, nur Wasser und Himmel und Licht, die andern hinter Elektromasten und Drähten, aber vorzeitlich beide, nach-zeitlich vielleicht, nach-menschlich, von allem Menschlichen entleert. Und immer wieder die Wege, gesäumt von der Macchia oder von etwas Struppig-Glanzlosem, zu dem sie nicht Gras sagen mag, auch eine Art Heidekraut, Dornen, Steine. Manchmal Ölbäume, weit auseinanderstehend, durchaus kein Hain, sondern jeder für sich mit seiner Knorrigkeit, Bäume mit Gesichtern – Unsinn natürlich, die erfindet sie sich, als Ersatz für die andern, die abwesenden.
»Mit den Menschen hast du gründlich aufgeräumt.«
»Aufgeräumt?«
Es ist nicht das richtige Wort, sie weiß es, bevor er den Kopf schüttelt; wenn man erst anfängt, auf die Wörter zu achten, stimmt ohnehin keins. Alles falsch, *alles zum Teil,* wie könnte man sonst reden. Nur daß man eben manchmal doch hängenbleibt. Ein Wort, so zufällig und ungefähr wie ein anderes, und man steht dagegen auf, will plötzlich die bestmögliche Annäherung statt der erstbesten, als käme es auf ein Wort an, gerade auf dieses Wort.
Stefan beläßt es beim Kopfschütteln, er füllt die Lücke nicht auf, obwohl sie darauf wartet. Wenn er das Wort nicht weiß, wie soll sie es wissen. Es ist seine Geschichte, immerhin.
Pinien, das müssen Pinien sein, am Abend; die eine wirft einen langen Schatten über den Weg. Und nun sogar ein Wald, Kiefern oder Fichten, Nadliges jedenfalls. Der Weg geht mittendurch, die Sonnenflecken drauf lassen den Schatten noch deutlicher werden, und sie merkt, daß sie schon nicht mehr mit Schatten gerechnet hat; das war also falsch.
Sie legt die durchgeblätterten Fotos in den Deckel, und als sie einen neuen Stoß aus der Schachtel nimmt, sagt er: »Du

brauchst dir nicht alle anzusehen.« Glaubt er, daß sie sich langweilt? Sie tut es nicht, ganz und gar nicht, auch wenn sie ihre Faszination nicht begreift. Noch nie hat sie so kunstlose Bilder gesehen, ungezielte Ausschnitte, als habe die Kamera keinen Sucher gehabt. Sie versteht nichts vom Fotografieren, aber daß auch Stefan davon nichts versteht, sieht sogar sie. Mehr noch: er scheint extrem unbegabt, hat herumgeknipst, wie's grad kam. Nur daß vielleicht eben das Extreme, das geradezu Ausschweifende dieser Unbegabtheit die Bilder so aufregend macht. Ein abstruser Gedanke? Jedenfalls will sie nun alle sehen, er kann nichts dagegen haben. Es ist Sonntag, sie haben Zeit wie noch nie.
Oder hat er für den Abend etwas anderes vor? Wie er sich den Sonntag vorstellt, hat er nicht gesagt. Muß sie selber merken, wann sie gehen soll, oder schickt er sie weg? Bleiben, du lieber Gott, da redet er von Bleiben, und sie ist nicht einmal sicher, ob er sie bis zum Abend behält.
Nein, eine bittere Überlegung sei das nicht gewesen, eher habe sie sich damit beschwichtigt, vielmehr ihre Aufregung von zuvor. Ein bißchen Spott vielleicht, ebenso sich selbst wie ihm gegenüber, aber kein boshafter, an jenem Nachmittag habe sie –

Trottel der, was für ein Trottel. Zuerst hupt er, daß man in die Luft springt, und dann freut er sich, wenn man gegen einen Koffer rennt. Lacht übers ganze Gesicht, als habe er nur darauf gewartet, daß einer wie er ihm vor die Räder kommt, damit er ihn erschrecken kann. Sadist.
Er bückt sich nach dem umgeworfenen Koffer und entschuldigt sich. Die Besitzerin sieht ihn ungnädig an, er stellt ihr den Koffer neben die Füße, sie trägt Zottelstiefel, die sehen freundlich aus. Daß er weggeht, ohne ihr nochmals ins Gesicht zu sehen, hält sie vermutlich für einen Affront. Hoffentlich schaut sie ihm nicht nach, ein wenig hinkt er nämlich, hat sich das Schienbein zerschunden, die Genugtuung gönnt er ihr nicht.

Wurde gestern im Bahnhof von einem Gepäckwagen überfahren, dämlich bis zuletzt. Wäre das eine Todesanzeige für Vaters Sohn? Bestimmt nicht. Vater würde das hinbiegen, er weiß, was er sich schuldig ist. DE MORTUIS NIL NISI BENE, und wann würden je lächerliche Umstände erwähnt. Ob einer an einer Fischgräte erstickt, im Suff ins trockene Schwimmbassin fällt oder sich im eigenen Bett von einem schlecht aufgehängten Schutzengel erschlagen läßt: immer wird es *ein tragischer Unfall* sein. Dabei ist es zunächst einmal komisch, das heißt die Umstände sind komisch, und daß sie verschwiegen werden, kann nur bedeuten, daß man fürchtet, jemand könnte tatsächlich lachen. Man will den Tod durchaus erhaben haben, es darf nicht gelacht werden, die Toten sind nicht zum Lachen; lachen darf man höchstens über einen, der sich das Schienbein anrennt.
Ob so ein Elektromobil einen totfahren könnte? Wohl eher nicht. War ja auch nicht Angst, was ihn beiseite springen ließ, bloß der Schreck. Er hat dem Kerl ein Sonntagsvergnügen verschafft, aber nun will er selber eins, doch, nochmals Kaffee trinken, das hat er sich verdient.
Noch dieselben Biertrinker am runden Tisch, nur viel lauter als vorher. Die Ecke, wo er schon zum Essen gesessen hat, ist frei. Er wirft die Jacke auf die Bank, es poltert, das sind die Äpfel. Keine kurzhaarige Frau mit Ponys, weit und breit. Der Kellner schwatzt mit einem blonden Mädchen am Nebentisch, Walliser Deutsch, das mag er, aber Blond mag er nicht. Und muß die unbedingt Bier trinken? Er haßt Bier.
Hoffentlich bleibt Lisa beim Coca-Cola. Er hat sie noch nie etwas anderes trinken sehen. Zwar heute abend – *Ein Chambertin vielleicht, Fräulein Lisa? Oder lieber einen Rosé?* Und dann stoßen sie an miteinander, Lisa mit Vater, gibt es etwas, was verrückter zu denken ist? Er wird dozieren, während sein Essen kalt wird, und sie wird zuhören, ob sie will oder nicht. Daß sie dort sitzt, kann für Vater nur heißen, daß sie will.

Warum hat sie nicht nein gesagt, kühl und kategorisch, wie sie es kann? Vater hätte gemerkt: sein langer Arm reicht doch nicht überall hin. Wenn nun sogar Lisa ihm in die Falle geht, wird er sie bald auch woanders aufstellen, wird sich einen Sport daraus machen, ihm Stück für Stück seines Lebens wegzufangen. Lisa hätte nein sagen müssen, sie zuerst.

Merlot will er, ja, einen halben Liter. Nein, nur ein Glas. Meint der vielleicht, das schaffe er nicht allein? Immerhin hat er einen Schnupfen auszutreiben. Ernst wird eben fahren müssen, die ganze Nacht; möglich, daß er dann friedlicher ist. Sein Haßanfall gestern, vielmehr heute früh, weil er beim Wenden einen Pfosten nicht gleich gesehen hat. Er hat ihn aber gesehen, bevor Ernst gebrüllt hat, der Lärm war ganz überflüssig, und er hätte es ihm auch gesagt, wenn er ihn hätte reden lassen, doch hat er selber geredet jetzt, zum erstenmal ein paar Sätze hintereinander. Fahren Sie ruhig die Karre kaputt, Sir, immer zu Ihren Diensten, Sir, wird alles geregelt, Sir, hat er gesagt, oder so ähnlich, dann hat er *zum Teufel* gesagt und Luft geholt. Es kümmere ihn doch keinen Dreck, das Ganze, was er eigentlich hier wolle. Ein bißchen schnuppern, wie es unten rieche, zur Vervollständigung der Bildung vielleicht? Klar, daß ihm egal sei, wenn er das Taxi kaputtfahre, eine Kleinigkeit für ihn, mit seinem Alten und dem Erbe im Hintergrund.

Was hätte er darauf antworten sollen? Er hat das Taxi nicht kaputtgefahren, und egal wäre es ihm auch nicht gewesen. Aber Ernst hat ihn in einer Weise angestarrt, als erwarte er etwas anderes von ihm, eine Rechtfertigung, eine grundsätzliche, vielleicht des Professorensohns vor dem Hilfsarbeitersohn. Möglich, daß das eine Unterstellung gewesen ist, es hat ihn aber ratlos gemacht und geärgert. Als ob man sein Leben lang nur Sohn wäre, immer und allezeit Sohn. Das hat er gemeint, als er schließlich gesagt hat: In einem Jahr bist du Ingenieur, oder nicht? Ernst hat ihm glatt ins Gesicht gelacht.

– Und du Taxifahrer, willst du das sagen? Auf einen Aufsteiger ein Absteiger? Wie unsagbar gerecht.
– Ich werde auch Ingenieur, soviel ich weiß.
Danach nichts mehr. Die ganze Zeit, die sie noch unterwegs gewesen sind, kein Wort. Er hat keine Fehler mehr gemacht beim Fahren, keinen einzigen, Ernst hat sich beruhigt, und er hat überlegt, ob er ihm sagen soll, wie er zu Vater steht. Aber alle Sätze, die er für sich erprobt hat, hat er verworfen. Nichts ist ihm eingefallen, das Ernst nicht als Versuch hätte auslegen können, sich ihm anzubiedern, ihm einzureden, daß die Unterschiede nicht zählten. Er weiß ja durchaus, daß sie zählen, und wie er es weiß.
Nun hat er sich doch nicht rasiert. Scheußlich, dieses aufgeweichte Taschentuch. Und der Merlot ist zu kalt.

Weißwein gespritzt. Eine Zitronenscheibe drin und Eiswürfel. Zwei große Gläser auf einem Tablett.
Das Küchenfenster geht nicht auf den Garten, doch der Sonntag ist so leise, daß sie ihn hantieren gehört hat: das Scheppern der Besteckschublade, das Zuklappen der Eisschranktür. Sie schaut noch immer seine Fotos an.
Eine Blitzlichtaufnahme mit harten Schatten, das Zimmer, es kann nur sein Zimmer sein. Es ist größer, als sie gedacht hat. Ein Fliesenboden, dessen Unebenheiten trotz der mäßigen Bildschärfe nicht zu übersehen sind. Links an der Wand eine zweiflügelige Glastür, dunkel, geschlossen. Rechts davon, mitten im Raum, ein winziger runder Teppich, drauf ein Tischchen mit gekreuzten Beinen, ein Stuhl dabei, von dem nur gerade die vorderen Beine auf dem Teppich noch Platz haben. Zwei weitere Stühle verloren an der Wand gegenüber, ganz rechts eine Ecke des Betts. Der Schrank ist nicht auf dem Bild.
»Und du hast dich da wohl gefühlt?«
Es sei ein gutes Zimmer gewesen, er habe ausgesprochen Glück gehabt.
Er stellt das Tablett neben ihrem Sessel in den Rasen und

nimmt die Gläser auf. Er reicht ihr eins; sie klemmt sich, um es ihm abnehmen zu können, die durchgeblätterten Fotos zwischen die Knie.

(Die Knie? Aber doch, das Namenlose kommt später. Im Sommer sind es einfach Knie.)

»Die Zimmerdecke war blau gestrichen, hellblau«, sagt er, und weil sie nun weiterblättern will, stellt sie das Glas aufs Tablett zurück. Er läßt seins nicht aus der Hand, kann sein, daß sie sich an jene Parties erinnert, wo die Leute auch mit den Gläsern herumgehen, abende-, nächtelang, oder warum kommt sie auf den Gedanken, Stefan trinke am Ende auch ohne sie? Ein Einfall, über den sie gleich lachen muß, oder sie lacht über die Fliege, vielmehr das, was man für eine Fliege halten kann, wenn man weiß, daß da eine sein soll, und sich zu dem monströsen Schatten vor einer schattenlosen Landschaft nichts anderes einfallen lassen mag.

»Daß sie dir das kopiert haben.«

Alles, das habe er sich ausbedungen im Fotogeschäft. Er habe sich auch jeden Kommentar zu den Bildern verbeten, im voraus, denn für einen Fachmann, das habe ihm niemand zu sagen gebraucht, seien die meisten das Fotopapier nicht wert. Der Fotograf, ein freundlicher alter Herr, habe sich an die Abmachung gehalten, habe ihm nur diskret einen Faltprospekt dazugepackt: Worauf es beim Fotografieren ankommt, und falls sie wissen wolle, worauf es angekommen wäre – der Prospekt liege auch im Karton.

Er geht hinüber zu den Rosen mit seinem Glas, quer über den Rasen, geht wie sonst niemand, wer außer ihm könnte so gehen. Sie zwingt sich, den Blick von seinem Rücken zu nehmen, sie will mit den Fotos zuende kommen jetzt. So schnell, wie sie meint, geht es dann doch nicht, weil sie an einem hängenbleibt, überrascht, so überrascht, daß sie zischend die Luft ausstößt. Ein Ölbaum, einer allein vor dem Himmel, mit einem Stamm, als habe er sich ein paarmal um sich selbst gedreht. Die Krone undicht, zerfasernd am Rand, aber jedes Blättchen erkennbar, wie mit Silber in den Him-

mel gepinselt, lauter Lichttropfen, der Baum trieft von Licht.
Stefan hat sich zu ihr umgedreht, er lächelt, als sie aufschaut, er sagt: »Mein letztes Bild.« Er habe keins mehr gemacht danach, nie mehr.
»Weshalb?«
Sie sehe es selbst: der schönste Ölbaum, in der besten Beleuchtung, vom vorteilhaftesten Standpunkt aus. Dafür habe er die Kamera nicht gekauft. *Alles* habe er gewollt, Bilder von allem, deshalb –
Ob denn der Ölbaum nicht zu allem gehöre?
Er habe ihn gesucht, genau den, habe ihn für sein Foto ins beste Licht gesetzt. Er habe also angefangen, Bildwürdiges von Bildunwürdigem zu unterscheiden, habe den Bildern dreingeredet, sozusagen, und schon dort vor dem Baum, beim Abdrücken oder danach, habe er gewußt, daß das Fotografieren nun überflüssig sei, nur noch ein Zeitvertreib, und er habe, am selben Abend noch, die Kamera zu den Büchern gepackt.
Sie schaut wieder auf das Bild. Dann sagt sie (er ist weit genug entfernt, daß er es überhören darf): »Du hast dir keinen Zeitvertreib erlaubt?«
Vielleicht hat er sich vorgenommen, sich heute nichts zu ersparen. Oder er fühlt sich durch die Distanz geschützt. Er redet nicht gleich, doch sie sieht, daß er reden will. Sie hält sich an das Foto, während sie wartet, sitzt unter seinen Birken und schaut einen Ölbaum an.
Er habe dort so viel Zeit gehabt, von Anfang an viel zuviel, um sie mit Beschäftigungen zu füllen. Es habe leere Stunden gegeben, leere Tage, so völlig leer, daß er – Er habe es ihr ja gesagt: zunächst habe er es mit sich nicht leicht gehabt. Dann sei er jedoch draufgekommen, oder eher sei es ihm zugestoßen, daß er eines Tages, eines gänzlich leeren Tages – Er habe die Sogwirkung der Leere entdeckt. Nichts Neues natürlich, nichts, das sich aufgehoben hätte, um ausgerechnet von ihm entdeckt zu werden; nur eben doch neu: dort

und für ihn. Es sei ihm so viel zugeströmt, durch nichts herbeigerufen als den unverstellten Platz, nicht Gedanken zwar, das dürfe sie sich nicht vorstellen, überhaupt nichts zum Herzeigen oder Hersagen, eher greifbar als sagbar – Er drücke sich schlecht aus, leider, was er meine, sei, daß die Zeit –

»Da war nichts zu vertreiben, verstehst du. Sie hat meinen Beistand nicht gebraucht, um zu vergehen. Sie ging, und ich durfte sitzen bleiben. Was kommen wollte, kam zu mir.«

»Du hast dort am Tisch gesessen und gewartet?«

»Nein, gewartet nicht. Was hätte man zu erwarten.«

Sagt er, bevor er sich wieder den Rosen zudreht, und während sie über die Ungeheuerlichkeit nachsinnt, blättert sie weiter in den Fotos, nur noch mit halbem Kopf. Eine Zeit ohne Menschen, ohne Wörter, ohne Tun und ohne Absicht: woran hält man sich denn da fest?

Er kommt herüber und setzt sich. Sie sieht auf, sieht ihn vielleicht an, als sei er selbst das Ungeheuerliche oder könne es erklären, denn er schüttelt den Kopf. Ihre Beunruhigung beunruhigt ihn, sie muß unbeteiligt bleiben. Wenn er sieht, daß sie sich beunruhigen läßt, wird er sie schonen wollen und kein Wort mehr sagen. Sie nimmt sich, ein wenig zu hastig, die letzten Fotos vor, lacht sogar, und ganz falsch klingt es nicht.

Macchia, Wegstücke, das Meer: nochmals und nochmals. Dazwischen ein Müllplatz, vielmehr Teil eines Müllplatzes: ein herausgeschnittenes Viereck, ohne Umgebung, ohne Himmel, ausschließlich Müll. Verklumptes, Aufgeweichtes, Unkenntliches; nur im Vordergrund, das einzig Benennbare, ein aufgeplatzter Schuh. Von dem springt sie so viel Traurigkeit an, daß sie gleich wieder lacht; Stefan soll nicht glauben, sie ertrage seine Geschichte nicht. Dann wieder Dächer, immer derselbe Kirchturm, weiß und gedrungen, mit Rundbogenarkaden unter dem kaum geneigten Dach. Später ein Zaun aus krummen Pfählen und Maschendraht, unerfindlich, was er einzäunt, denn davor und dahinter dasselbe:

Steinbrocken, hitzeversengtes Gras. Ein Bretterverschlag schließlich, windschief hinter aufgehäuftem Gebüsch, und wieder das Meer. Zuletzt nochmals die Leintücher auf dem Dach, in einem Licht, das den Augen wehtut, und diesmal schlaff.

»Dein Dorf sieht aus, als seien die Bewohner vertrieben worden.« (Ist das nun das richtige Wort?)

»Ich sagte dir ja: sie sind auf den Fotos nicht drauf.«

Sondern wo? möchte sie fragen, doch sie sieht ihn schon ratlos die Schultern zucken. Hat er sie in die Wüste geschickt, weil er sie nicht brauchte? Hat sie vielleicht dort gelassen bis diesen Sommer und erst für sein Erzählen zurückgeholt.

Sie packt die Fotos wieder ein, Stefan steht sofort auf und nimmt ihr die Schachtel ab. Er sagt, als habe sie sich nicht angestrengt, das Gesicht verschlossen zu halten: »Sie waren da, du kannst es mir glauben. Wer sie nicht hätte sehen wollen, hätte sie noch immer gehört.«

Das blonde Mädchen niest auch. Alle Welt ist erkältet bei diesem Wetter, klar, nicht einmal den Schnupfen hat man für sich allein. Was allerdings nicht hindert, daß man sich die höchsteigene Nase wundscheuert, und nur die. Ein geradezu philosophischer Satz, doch die Ausweitung ins Allgemeine erspart er sich. Die großen Wahrheiten sind Vaters Ressort. Hat Vater je etwas über Schnupfen gesagt? Zu profan, zu uninteressant. Schnupfen hat man, er stört, aber wichtig ist anderes. Bestimmt würde Vater, wenn er einmal krank wäre, sich die Arbeit ans Bett bringen lassen, damit das Wichtige nicht liegenbleibt. Würde die Leute zu sich zitieren wie eh und je, ein Befehlshaber im Pyjama, und sie hätten zu rennen. Immer rennen sie, sogar Lisa rennt, hört ihm freiwillig zu, dabei –

Ihn hat keiner gefragt, ob er Vater hören will. Hätte er sich die Ohren zuhalten sollen? Dafür hätte er erst wissen müssen, daß anderswo anderes zu hören ist, doch Vater, mit

seinen Sätzen, hat ihm das Anderswo gründlich verstellt. Erziehung nennt sich das, gute Erziehung; zu fragen wäre nur: gut für wen.
Hat er gelacht? Er hustet, für alle Fälle. Husten ist erlaubt.
Wenn Lisa wüßte. Jemand wie sie zählt für Vater nicht. Eine Verkäuferin? Für heute mag es ihm recht sein, immerhin will er etwas kaufen von ihr. Nicht direkt, versteht sich, so unkultiviert ist er nicht. Geld ist unfein, man hat es bloß: weil man etwas leistet, weil schon die Eltern und Großeltern etwas geleistet haben. Es steht einem zu, aber anfassen will man es lieber nicht. Vater ist ein geistiger Mensch, kein Geschäftsmann, und wer sich von seinem Geld mehr beeindrucken läßt als von seinem Geist, ist eben beschränkt und begreift nichts.
Bei Lisa wird er aufpassen müssen, sie ist ja nicht blöd. Wenn er sich allzu herablassend gibt, springt sie ihm ins Gesicht. Nur wird er es ihr ansehen und sein Spiel danach einrichten, das hat er schon immer gekonnt. Er erreicht, was er will, er hat seine Strategien, keiner kommt gegen ihn auf.
Nur Mutter ab und zu, ein bißchen, und bestenfalls für sich selbst. Ein Beistand gegen Vater ist sie nie gewesen. Sie verabscheut Zusammenstöße, kann nicht streiten, sowenig wie er. Immer ist sie schleunigst aus dem Zimmer gegangen, wenn Vaters Stimme verraten hat, daß etwas im Heraufkommen war. Männersache, hat sie dann im Abgehen gesagt, ein ganz unangemessener Plural, denn wenn sie meint, daß Streiten den Mann macht, so ist Vater der einzige in der Familie, und Mutter müßte es eigentlich wissen.
Er erinnert sich nicht, Vater je widersprochen zu haben. Das einzige, was er beigetragen hat zum Streit, war seine Präsenz. Er hat sich abkanzeln und belehren lassen, hat stillgehalten und den Kopf eingezogen, bis es vorüber war. Wozu hätte er reden sollen? Redend unterliegt man Vater zuerst. Man unterliegt ohnehin, aber was hat Unterliegen zu sagen. Er setzt sein Verlierer-Recht gegen Vaters Sieger-Recht, gibt

sich geschlagen und geht. Daß das kein Grund ist, sich in die Brust zu werfen, steht fest. Flucht ist etwas Unansehnliches, nicht nur in Vaters Augen. Und nun gar seine: von Zollikerberg nach Altstetten – lächerlich.
Genaugenommen ist er noch nicht einmal dort. Er hält sich auf, wie gehabt, oder was wäre es sonst. Es spielt aber keine Rolle; kann er nicht ankommen, wann er will? Die eigene Geschichte ist ja nicht vorn, sie kommt mit Abstand hinterher, muß sich erst machen, bevor man mit ihr umspringen kann.
Umspringen ist von Helen. Sie hat auch *traktieren* gesagt. Das war, als sie sich zu dem Aperçu über das Gedächtnis verstiegen hat, das es mit der Ordnung halte, während Leben doch prinzipiell unordentlich sei. Voraussetzung dafür, daß man etwas behalte, sei, daß man es, wenn schon nicht ins Reine, so doch zumindest ins Denkbare bringe. Das Leben könne aber mehr, als sich darüber denken lasse, auch weniger vielleicht; auf jeden Fall entspreche das Erinnerte nie dem Gelebten, es sei eine andere Wahrheit – eben traktiert.
– Nichts zu wollen, Etienne, das Leben schreibt keine Geschichten. Es hat keine nötig. Nötig werden sie immer erst danach.
Wenn das Leben dünn wird, hat sie gesagt, aber daß er sie nun höhnisch auflachen hört, ist ein Fehler, die ganze Zeit hat sie nie so gelacht.
Der Wein vielleicht, er muß langsamer trinken. Daß er wie Wasser schmeckt, ist nur der Schnupfen. Oder will er dem Merlot übelnehmen, daß er kein Chambertin ist? Ein Unrasierter im Bahnhof mit einem Chambertin, das wäre was.
Das *Dézaley* kennt er nicht. Allzu vornehm wird es nicht sein, sicher will Vater mit der Verkäuferin nichts riskieren. Oder will er sie einschüchtern? Da verrechnet er sich. Höchstens daß Lisa sagen wird: Da darf man sich ja nicht umsehen. Das wäre eine Panne für Vater, nicht für sie.
Er spekuliert. Er weiß nichts und will nichts wissen. Er will

seinen geschmacklosen Merlot trinken und woanders sein. Einmal wird er hinauffahren und sich den Garten ansehen. Wenn der Schnee fort ist, nicht jetzt.

Die Rosenterrasse, die Blautanne, unter den Birken die Sessel. Im Rasen noch immer Stefans Buch.
Er hat seinen Schuhkarton ins Haus getragen, erleichtert vermutlich: die Fotos hat er hinter sich. Es sind Fotos der ersten Wochen, er hat sie erst in Zürich gesehen, Monate später, Helen kann es nicht vergessen haben. Ein wenig mitgenommen ist sie bereits, und nicht nur von den Bildern, doch als er zurückkommt und sich wieder zu ihr setzt, stellt sie die Frage, die er erwarten darf.
– Hattest du sie dir so gedacht?
Er habe nicht damit gerechnet, sie zu kennen. Neugierig sei er gewesen, wie auf das Wiederlesen eines vergessenen Buchs. Am erregendsten seien ja die, von denen man nur noch wisse, daß man sich beim ersten Lesen darin verloren habe, oder auch gefunden, aufs bestürzendste gefunden vielleicht, und in die man nun also eintauche zum zweitenmal. Daß das erste Leseerlebnis sich nicht wiederherstellen lasse, sei bekannt; was sich aber herstelle, sei jener einstige Leser: als wickle man den Verwickelten von damals aus dem Buch wieder heraus. Da trete es einem dann gegenüber, das überholte frühere Ich, und man könne es in Ruhe ansehen. Ohne Befremden gehe das natürlich nicht ab, doch wie gesagt: auch nicht ohne Neugier. Immerhin handle es sich ja ums Herkommen, um ein Stück ureigenster Genealogie.

Da hat er sich nun verhauen, und gründlich, so redet Stefan nicht. Das ist der Ton der Allessager, der zungenfertigen Bekenner. So reden sie in Büchern, Vater redet so. Vater hat nichts zu suchen dort im Garten, peinlich geradezu, wie sich sein Vortrag anhört unter den Birken, kein Satz paßt in Stefans Mund. Es sei denn –
Wäre denkbar, daß Stefan zitiert? Mit Äußerungen von an-

dern kann man weiter gehen. *Wie schon Goethe gesagt hat:* und gleich traut man sich zu, was man sonst nie über die Lippen brächte. Rechnet man den Weißwein hinzu und die Sommerhitze und daß Stefan womöglich meint, er müsse das Bekennen einüben für den bevorstehenden Schluß – Nein, den Schluß kann er sich nicht vorgenommen haben, von dem weiß er noch nichts. Das mit dem Zitat wäre nicht schlecht, aber warum zu dieser Unverfänglichkeit, warum ausgerechnet jetzt. Es paßt nicht.
Helen hat nicht gesagt, was er liest. Weiß sie es, hat sie ihn danach gefragt? Hat sie sich die Titel in seinem Büchergestell angesehen? Hat sie das Buch, das im Rasen liegt, aufgehoben und hineingeschaut?
Lisa hätte nicht.
Wie will er das wissen. Sie hat ihn nie mit einem Buch getroffen, wie hätte sie also fragen sollen. Und hat denn er sie gefragt, was sie liest? Vielleicht bewahrt sie die Bücher im Schrank auf wie er, weil sie kein Regal hat. Oder sie geht in die Bibliothek. Daß sie für Geschriebenes kein Interesse hat, ist durch nichts erwiesen, und mit Vermutungen, Lisa betreffend, hat er entschieden kein Glück.
Ich rede nicht mit jedem, und nun das. Steht vielleicht schon vor dem Spiegel und macht sich fein. Was zieht sie an, um mit Vater auszugehen? Bestimmt wird sie ein wenig Aufwand treiben, um ihm Eindruck zu machen. Hoffentlich. Oder hoffentlich nicht?
Als ob es drauf ankäme, was er hofft.
Er muß zum Kiosk und Papiertaschentücher kaufen. Ein Aspirin bräuchte er auch.

VII

Der Wecker. Summt, piepst, wimmert, schreit. Hört nicht auf, nicht von selbst.
Die Füße auf den Boden, weiter, weiter, der Schrank ist rechts. Hat ihn schon, tastet die obere Kante entlang, packt zu. So. Ausgeschrien.
Daß Tage so anfangen müssen, mit dieser Barbarei. Geschnarcht hat er auch, er hat es noch im Ohr: eine zweite Stimme zum Wecker, abgewürgt zuerst.
Der Schalter für das Deckenlicht ist neben der Tür, es kann nur zwei Schritte sein. Drei. Aber jetzt muß er die Augen zukneifen, das Licht ist wie der Wecker, niederträchtig, ein Schock.
Ein Dealer, sagt Ernst, woher weiß er das. Hat ihn in den Schnee gejagt, in Halbschuhen. Hinter Witikon im Wald.
Ihm war schlecht, Gott, war ihm schlecht.
Daß Tage so anfangen. Er hat schon fast keine Taschentücher mehr. Und einen Kopf – Unter den Hahn damit, das hilft. Muß helfen, doch, die Übung kann er nicht schwänzen. Die Hydraulik für morgen schreibt er einem ab, nur wem. Wird er sich überlegen, wenn er wach ist und anständig denken kann. So wie er aussieht – Nur gut, daß über dem Spiegel kein Licht ist. So ein Gesicht, und beleuchtet, das fehlte noch.
Rasieren, es ist überfällig jetzt. Ob es mit einer gewöhnlichen Steckdose geht? Zuerst eine finden. Das Kabel der Tischlampe läuft hinters Bett, na bitte, sogar ein Doppelstecker, ein verschwenderischer Luxus, inbegriffen in der Miete. Daß sein Rasierkabel nur einsfünfzig mißt, dafür kann die Vermieterin nichts.
Der Apparat surrt, tatsächlich, surrt wie sonst. Und nun also blind drauflos, die Hände machen lassen und die Wand ansehen. Ohne Spiegel hat er sich noch nie rasiert.
Noch nie in den Schnee gekotzt bis diese Nacht. *Gekotzt,*

Herr Professor, können Sie es sehen? Kein Bild für die Kunstsammlung natürlich, dafür mit eigenem *Und dann*. Den halbnackten jungen Mann, der mit den Schweinen aus dem Trog frißt, hat er vor fünfzehn Jahren ebenfalls bekotzt. Ob Vater es noch weiß? Ihn hat es ungeheuer entlastet, und nicht nur im Augenblick. Weil er das Buch ruiniert hat, sind ihm nämlich keine Bilder mehr aufgegeben worden. Wie es weiterging mit dem jungen Mann, und daß es weiterging, hat er erst viel später gehört.

»Wann bist du zurückgekehrt?«
Helen fragt, immer wieder fragt sie, fragt irgendwas, weil sie nicht weiß, was zu erfragen ist. Und Stefan, als seien die Fragen, die sie stellt, die einzig möglichen, geht darauf ein, ungedeckter als bisher, will offensichtlich beantworten, was er kann.
März sei es gewesen, also Frühling dort. Keine schlechte Zeit, um zu gehen.
Der Abschied leicht?
Nicht ohne Furcht. Er sei ja nicht irgendwohin gefahren, sondern *zurück*.
Eine Lebensänderung habe er nicht ins Auge gefaßt?
Kein Leben sei lange neu, und nur weil eins alt sei, brauche man es nicht fortzuwerfen. Überdies sei es ja durchaus nicht zufällig sein Leben gewesen. Er selbst habe es sich eingerichtet, und wenn es auch sicher übertrieben sei, von einer Wahl zu sprechen, so habe er es doch immer für richtig gehalten, für *sein* Leben, ein anderes hätte er sich nicht gewußt. Nach jenem Jahr vielleicht schon, nur hätten zu seinem Leben auch andere gehört. Was man einmal mit hineinverwickelt habe, könne man nicht einfach wegstreichen, er jedenfalls hätte es nicht gekonnt. Er habe seinem alten Leben die Ansprüche an den Revenant zugestanden, sie seien berechtigt gewesen, ebenso berechtigt wie seine Furcht.
Er sagt *Revenant* und vergißt zu lächeln. Sieht er sich an der Haustür stehen, einen Mann mit Koffer, die Hand auf dem

Klingelknopf? Bestimmt hat er geklingelt, selbst wenn er einen Schlüssel hatte; hat wie ein Hausierer gewartet, bis die Tür aufging. Wie ist er empfangen worden? Hat sie es ihm leicht gemacht? Und er ihr? Was haben sie gesagt, dort unter der Tür? *Da bin ich wieder? – Wir können gleich essen?* Oder wie geht man um miteinander, wenn die Fragen verboten sind.

»Hat sie dich als Gespenst gesehen?«

»Du siehst gut aus, hat sie gesagt.«

Unter der Tür vielleicht nicht. Später, als die erste Verlegenheit vorüber war. Daß er abgenommen hatte, wird sie gesehen haben, auch die veränderte Hautfarbe, das ergrauende Haar. Befremdliches? Darüber durfte sie hinwegsehen, es würde abfallen mit der Zeit. Gegen das, was sie nach zwanzig Ehejahren von ihm zu halten gewohnt war, kamen ein paar kleine Abweichungen ohnehin nicht auf.

Möglich, daß es so gewesen ist, aber kann sie es wissen? Wie kommt sie dazu, seine Frau ins Unrecht zu setzen. Könnte nicht sein, daß sie durchaus gemerkt hat, wer da zurückkam, um sich das alte Leben wieder anzuziehen? Daß sie mehr gewußt hat von ihm, als er sagte, und es gerade mit ihrem Schweigen bewies? Immerhin könnte ja auch ihr etwas geschehen sein in jenem Jahr, und sie könnte sich gewünscht haben, darüber zu reden. Vielleicht hat sie gleich gesehen, daß er es nicht wissen wollte, hat es möglicherweise sogar *begriffen* und hat auf seine Neugier verzichtet, ein für allemal.

»Und es war genug? Nochmals für zwanzig Jahre genug?«

Nein, die Frage soll er nicht ernst nehmen, Helen lacht sie weg. Da hat sie wohl hören wollen von ihm, daß es zuwenig war; hat sich sein Darben vorstellen wollen, um sich einzubilden, er habe sie gebraucht; oder schlimmer noch: hat sich aus einem vorausgehenden Zuwenig für sich ein Mehr ableiten wollen – eine Milchmädchenrechnung, ein Rückfall hinter das, was sie weiß.

Stefan läßt ihr Zeit, sich zu wundern, hat vielleicht wieder einmal mitgehört und wundert sich auch. Rot wird sie diesmal nicht, nur das Milchmädchen nimmt sie zurück, was ist das überhaupt, und warum sollte es sich eher als andere verrechnen. Jeder verrechnet sich mal, eine Einkaufsassistentinnenweisheit, alles läßt sich abstempeln, wenn man will, und daß sie für Professorenweisheiten nicht zuständig ist –

Das Geklopf in der Heizung rührt von Luftblasen her.
Er muß sich ein Verlängerungskabel beschaffen, noch heute, ein zweitesmal rasiert er sich nicht so. Kniet auf dem Bett wie das arme Kind in Großmutters Bilderbuch, das ihn für Vaters Bilder verdorben hat; Vater zumindest behauptet das. Er hat Großmutters Geschmack verachtet, hat nie aufhören wollen, sie zu erziehen. Noch ins Pflegeheim hat er ihr die Ilias gebracht, unglücklicherweise ist er dabeigewesen, das verzeiht Vater Großmutter wohl nie. Sie hat das Buch aufgemacht und gleich gekichert, dann hat sie laut herausgelacht, und als wäre das Vater nicht schon peinlich genug gewesen, hat sie die Schwester herbeigeklingelt und halb erstickt vor Lachen das *Singe den Zorn, o Göttin* zum besten gegeben. Die Schwester hatte alle Mühe, sie zu beruhigen, Vater und er wurden fortgewinkt.
Wie kommt er auf Großmutter, wie kommt er auf irgendwas. Sieht kaum aus den Augen, kniet vor der weißen Wand und hat Ameisen im Kopf. Die Göttin singt nicht, die schläft noch, was wäre zu singen um diese Zeit. O Wand, o Wekker, o hämisches Licht!? (Ein gülden Kleinod von der schönen Jugend, auf Saitenspiel.)
Der Wein ist ein Fehler gewesen, klar.
Ob der bis nach Fällanden gekommen ist? Zu Fuß? Nachts um halb zwei?
Er versteht nichts, hat von Anfang an nichts verstanden. Ernst benimmt sich schlecht, hat er gedacht. Nichts von Lehrling diesmal, um seine Anwesenheit zu erklären. Mit einem Grinsen, als wolle er seinen Fahrgast das Fürchten

lehren, hat er gesagt: Die Zeiten sind eben gefährlich heutzutage. Und im Wegfahren noch ein paar solcher Sprüche, in betont schweizerischem Hochdeutsch, richtig rüpelhaft, er hat sich für ihn geschämt. Er war froh, daß der Ausländer eine dicke Haut zu haben schien, und einen Augenblick hat ihn die Vorstellung belustigt, der halte die Flegeleien womöglich für schweizerischen Humor, Folklore nach Mitternacht, für ihn inszeniert. Daß er dann auch zu reden anfing, war nichts Besonderes, fast alle Kunden wollen reden um diese Zeit, und daß es ein Exkurs über Polizei und Ganoven war, aus eigener Anschauung, vier Jahre sei er in den Staaten gewesen, hat ihn auch nicht erstaunt, immerhin hatte Ernst das Thema ja aufgebracht. Er hat bald nicht mehr hingehört, es war langweilig, weil es das Übliche war; alle amerikanischen Geschichten, scheint es, gibt es nur in einer einzigen Version. Ernst hat ab und zu ein Grunzen hören lassen, rüpelhaft auch das, ein Laut tief aus dem Rachen herauf, als wolle er gleich ausspucken, doch das Redegeräusch im Rükken ist nicht abgebrochen deshalb, es hat sich so stetig und einschläfernd gehalten, daß er noch gedacht hat: Bei einer Party ließe man ihn stehen.
Vielleicht hat er wirklich geschlafen, oder aus welchen Wolken ist er gefallen, als Ernst den Wagen gebremst hat. *Du Schwein.* Leise, aber unüberhörbar, kein bloßes Geräusch wie das von hinten, und er hat es auf sich bezogen, versteht sich, man duzt seine Fahrgäste nicht. Das Taxi hielt auf der Fahrbahn, eine andere Möglichkeit gab es nicht, Schneewälle rechts und links, die Straße und der verschneite Wald von den Scheinwerfern angeleuchtet wie ein Bühnenbild, sibirisch: das Wort war da, noch bevor Ernst sein *Raus* gezischt hat, zwischen den Zähnen hindurch, und erst, als er die Hand schon an der Klinke hatte, zum Widersprechen nicht einmal versucht, ist ihm aufgegangen, daß nicht er der Verurteilte war, sondern der andere. Aber warum.
Hat er etwas gesagt, bevor er ausgestiegen ist? Drohungen,

Bitten, einen Fluch? Er sieht nur, wie er im Scheinwerferlicht davonstapft, er kommt langsam vorwärts, mit solchen Schuhen geht es sich schlecht im Schnee. Ernst fährt erst an, als er außer Sichtweite ist, aber so heftig, daß es ihm den Kopf nach hinten wirft. Sie fahren an dem Mann vorbei, er geht auf der linken Straßenseite, den Kragen hochgeschlagen, eine schwarze Gestalt ohne Gesicht.
Ernst hat gewendet, sobald er konnte, aber sie haben ihn beim Zurückfahren nicht gesehen. Hatte er sich vor ihnen versteckt?
Er hat plötzlich einen ganz leeren Kopf gehabt und hat den Türgriff gepackt. Er hat aber die Hand nicht gespürt, alles taub, gefühllos, nicht nur die Hand. Wie soll man im Gleichgewicht halten, was man nicht spürt? Er ist gegen die Tür gefallen wie ein Sack.
Soll er sich waschen? Er soll, sonst wird er nie wach. Nicht schlecht, die blinde Rasur, nur hat er doppelt so lang gebraucht. Und immer dauert es eine Ewigkeit, bis das warme Wasser kommt, er versteht das nicht. Er wird im Telefonbuch schauen, wo das nächste Hallenbad ist, ab und zu wenigstens will er duschen. Ist ja die reinste Askese, diese Wascherei.
Und wenn die Welt voll Teu-eu-fel wär – Muß ihm das einfallen, ausgerechnet jetzt? Er fürchtet sich durchaus. Das hat er nun von seinem Kopf. Der Fundus macht sich selbständig, läßt überschwappen, was er will. Dabei mag er Luther nicht, ein Kämpfer. Der hat nicht nur mit Tintenfässern geschmissen, um recht zu behalten.
Helen hat es vom Apfelbäumchen gehabt. Als ob Untergänge sich aufhalten ließen durch irgend jemandes Zuversicht, hat sie gesagt. Das war im Zusammenhang mit dem Kind, dem vorgeschlagenen, über das Lisa sich so geärgert hat.
Er hätte es ihr nicht erzählen sollen, noch nicht. Mit dem Zugerseeabend hat es nichts zu tun gehabt. Das Kind kommt viel später, erst am Abend jenes Sonntags im Garten.

Nach den Fotos, nach allem. Auch Helen, wie sie dort unter den Birken sitzt, weiß noch nichts von dem Kind.

Nicht jeder sei so unabhängig wie sie, sagt Stefan. Er kommt aus dem Haus mit frischgefüllten Gläsern, sie sind dick beschlagen wie die auf den Bierplakaten; als sie sich eins vom Tablett nimmt, tropft es ihr aufs Kleid.
»Bin ich das?«
Es ist wunderbar heiß jetzt, sie hat die Jacke ausgezogen und ist mit dem Sessel dem Schatten nachgerückt. Abhängig oder unabhängig, was soll's. Sobald man etwas braucht, hängt man ab, und wer brauchte nichts.
»Du läßt mich nie etwas für dich tun.«
»Drunter machst du's nicht?«
Er schaut sie so verständnislos an, daß sie lachen muß – ein Fehler natürlich; wenn er nun aufstehen wird, um sich zu den Rosen hinüberzuretten, ist sie selber schuld. Er hält sich aber zurück, buchstäblich, hält sich fest an den Armlehnen seines Sessels, sagt, daß sie ihm das auslegen müsse, und Helen, plötzlich befangen, legt es ihm aus.
»Du fragst mich nie nach dem Büro. Du hast noch nie Lust gehabt, meine Wohnung zu sehen. Du willst überhaupt nicht wissen, wie ich lebe –«
Er hat die Beine übergeschlagen, das tut er sonst nie. Verbarrikadiert er sich? Er wippt mit dem Fuß und schaut auf das Wippen, behaglich sieht es nicht aus. Warum stört sie ihm seinen Sonntag? Wünscht er sie fort? Vielleicht meint er eine andere, und immer, wenn sie den Mund auftut, wird es ihm bewußt.
»Darf es mich denn angehen«, sagt er, was könnte er anderes sagen, oder sagt sie es für ihn? Er sieht noch immer auf seinen wippenden Fuß, und sie lehnt sich zurück.
Dann etwas Merkwürdiges. Sie ist schön, ein paar Sekunden lang weiß sie, daß sie schön ist – ohne die Versicherung seines Blicks. Es hält nicht vor, muß auch nicht; das Erstaunen bleibt und ein Gedankenwirbel, dem sie sich

überläßt. Die Formel *geschmückt wie eine Braut* – zugeflogen woher? Und dahinter gleich Jaakob, der Hirtenbräutigam, getäuscht bis zum Morgen, heißt es, und dann – Wie kann gemeint sein, wer sich nicht selbst als die rechte weiß. Sagt jemand ihr ein? Sie schaut auf ihre alternden Hände, erinnert sich der grauen Haare und lächelt über die Braut, die rechte, zu der sie sich eben ernannt hat, lächelt hinüber zu ihm. Er hat die Augen geschlossen, scheint auf etwas zu lauschen, und nun hört sie es auch: ein Klavier, von weit weg.
»Brahms.« Er sagt es, da bricht es schon ab, wahrscheinlich ist das Fenster geschlossen worden. »Schade«, sagt er, und im selben Atemzug: »Vermutlich bin ich doch zu alt.«
Für das Klavier? Für die Störungen? Für die rechte Braut? Manches werde hart in siebzig Jahren, sagt er, es falle einem selbst gar nicht auf. Nur weil sie jetzt daran rüttle –
»Wann kommst du zu mir?«
»Du willst mich nicht alt sein lassen.«
»Wenn dir so viel daran liegt – Ich bitte den alten Herrn um einen Besuch.«
Er lacht, und sie setzt hinzu: »Um einen Gegenbesuch.«
Falsch, du lieber Gott, schon wieder falsch, sie sieht es an seinem Gesicht. Sie wirft ihm einen Mangel an Höflichkeit vor, so wird er es verstanden haben, Unhöflichkeit, und das ihm! Einen Augenblick kommt sie ins Schleudern, doch sie gibt nicht auf. Als wolle sie alle Unhöflichkeit für sich selbst in Anspruch nehmen, sagt sie: »Du wirst aber nichts zu essen bekommen. Bei mir, weißt du, gibt es allerhöchstens Kaffee.«

Jetzt reißt ihm noch der Schuhbändel, klar. Der doofe Stan, beleidigt und besiegt vom Objekt. Alles paßt. Die Nacht, aus der er nicht klug wird, und nun dieser Morgen. Bemitleidet er sich?
Warum hat Ernst nicht gelacht. Er hätte sich ganz gern auslachen lassen. Er begreift ihn nicht. Wen begreift er? Was

man sieht, scheint nicht das Maßgebende zu sein, oder er sieht immer gerade in jene Ecke, wo das Unmaßgebliche geschieht. Baut sein Erwarten auf aus Größen, die zu vernachlässigen wären, vielleicht, oder warum kann jeder ihn verblüffen.

Ernst hat nur herübergeschaut und schon angehalten, fast an derselben Stelle wie vorher, nur auf der andern Straßenseite, und er nichts wie raus. Der Magen ist nicht das schlimmste gewesen, bei weitem nicht. Genaugenommen hat die Übelkeit im Kopf gesessen, in dieser fürchterlichen Leere des Kopfs. An Ernst und das Taxi hat er nicht mehr gedacht, gar nichts mehr hat er gedacht, hat sich nur um- und umdrehen lassen, wie lang? Irgendwann muß er sich in den Schnee verkrallt haben, vielleicht ist er hingefallen, jedenfalls haben plötzlich die Hände vor Kälte gebrannt, höllisch gebrannt, und der Schmerz hat ihn auf die Füße gebracht. Er ist ein paar Schritte gegangen, mechanisch zuerst, doch mit dem Gehen sind ihm die Glieder zurückgekehrt, auch die Besinnung, er hat das Taxi dastehen sehen und ist hingerannt.

Ernst ist sofort losgefahren. So ist er also. Nimmt es mit jedem auf, bloß wozu. Was hat er davon, wenn einer nasse Füße bekommt?

– Er hat zuviel geschwatzt.

Deshalb? Das will ihm nicht eingehen. Er ist blöd vielleicht, oder sicher, doch warum soll einer nicht reden. Man macht sich warm, wie man kann.

– Hast du seine Hände gesehen? Weiß und manikürt. Die Schale vom Schneider, nehm ich an.

– Mit schmutzigen Nägeln hätte er dir gefallen?

Keine unlogische Frage, auch nicht belanglos, aber Ernst hat *Geh doch zur Heilsarmee* gesagt. Hat den Rücken gegen die Lehne gestemmt und die Arme durchgestreckt, als wolle er sich das Steuer vom Leib halten, und nachdem ihm nochmals dieser gräßliche Grunzer entkommen ist, hat er die Lippen zusammengekniffen, grimmig oder resigniert, end-

gültig zumindest; jedes Wort zu schad für einen Blödmann wie ihn.
Aber später, eine ganze Weile später, sie waren schon in der Stadt, hat er ihm überraschend angeboten, ihn nachhause zu fahren. Hat gar nicht hingehört, als er gesagt hat, es sei zu weit, hat sich auch von der genauen Adresse nicht abschrekken lassen. Und weil das Bett, einmal in denkbare Nähe gerückt, eine so unwiderstehliche Anziehungskraft hatte, hat er sich eben fahren lassen, dankbar, verunsichert, erschöpft. Im Halbschlaf dann nochmals Ernsts Stimme. Oder hat er das – nein, nicht geträumt.
– Hast du einmal einen Fixer aus der Nähe gesehen? Im Endstadium? Auf allen vieren im Dreck? Wenn sich immer einer findet, der sagt: Der soll doch verrecken? Da würdest du erst kotzen.
Zwei Paar Socken und Turnschuhe, für einmal muß es gehen. Wo gibt es Schuhbändel zu kaufen? Das Tischtuch, ein Verlängerungskabel. Nach der EMPA wird es nicht reichen, da sind die Geschäfte schon wieder zu. Über Mittag vielleicht. Heute abend wird er sich pflegen und schlafen. Warum braucht man so viel Schlaf.
Den Pullover hat er verkehrt an, er ist wirklich blöd. Wenn er nicht bald fertig wird, hat er keine Zeit mehr für einen Kaffee. Papiertaschentücher muß er sich auch wieder kaufen. Und endlich Aspirin.
Die Haustür, jemand ist auf der Treppe. Rennt? Morgens um acht?
Lisa.
Sie keucht ein wenig, schließt sofort die Tür, lehnt sich dagegen. Freut er sich nicht?
– Ich hab ihn versetzt.
Und das auf nüchternen Magen. Sie stößt ihre Entschlüsse um und faßt neue im Handumdrehen, wie soll er da mitkommen, er ist nicht so rasch. Vater allein im *Dézaley*? Ein starkes Stück, worauf muß er noch gefaßt sein bei ihr.
Sie schaut sich im Zimmer um, damit ist sie schnell durch.

Und jetzt schaut sie ihn an, was soll er sagen. Schön, daß du da bist? Es ist eher unangenehm. Er ist übernächtigt, das Zimmer unaufgeräumt, gelüftet hat er auch nicht, vom Schnupfen nicht zu reden. Daß sie einfach so hereinschneit. Er hätte sie doch erwarten, sie richtig empfangen wollen. Nicht an diesem Morgen, nicht nach so einer Nacht.
Sie setzt sich aufs offene Bett. Die Übung. Je nun, die wird er eben fahrenlassen. Er muß sich etwas ausdenken, Zahnarzt oder so.
– Komm.
Nein, er übersieht ihre Hand, er geht daran vorbei zum Tisch. Rittlings setzt er sich auf den Stuhl, die Lehne zwischen sich und ihr, und sie, weil sie das Manöver natürlich durchschaut, kriegt ihre schmalen Augen. Warum hört sie nicht auf, ihn anzusehen? Ein Häufchen Unausgeschlafenheit, mehr ist nicht da.
– Danke für die Äpfel.
Das ist ihm also eingefallen, wenigstens das. Aber nun muß er halb aufstehen, um an die Taschentücher zu kommen, und was Lisa für ein Gesicht macht, während er sich schneuzt, will er nicht sehen. Daß er jetzt auch noch gähnt, als sei nicht die Schneuzerei schon abstoßend genug, ist natürlich das letzte; da fährt sie durch die halbe Stadt, eigens für ihn, und er gähnt.
Sie schlüpft aus den Stiefeln, rutscht auf dem Bett nach hinten, zieht die Füße an; grad nur ihre Zehen schauen noch unter dem Rocksaum heraus. Immer trägt sie diese langen, weiten Röcke, hat er sie je in Hosen gesehen? Sie sitzt hinter dem Hügel aus Knien und Faltenwurf wie er hinter seiner Lehne, denkt sich das ihre, wahrscheinlich, das hat er nun davon.
Kann sie nicht woanders denken als auf seinem Bett? Wenn sie jetzt ginge, käme er zur Übung noch recht.
Als ob die Übung so wichtig wäre.
Er muß sich zusammennehmen, sonst geht sie am Ende wirklich und kommt nie zurück. Bei Lisa muß man mit

allem rechnen, und daß sie plötzlich herauslacht, ein richtig lustiges Lisa-Lachen, ist zwar das, womit er am wenigsten gerechnet hat, aber er freut sich, als sei sie schon fortgewesen und nun erst wieder da. Ein bißchen lacht er mit, auch wenn sein Lachen sich anhört wie in der Zeit seines Stimmbruchs, ein Lachen zum Lachen, Lisa macht es Spaß.
– Eigentlich gehörtest du ja ins Bett.
Daß er in die Physikübung gehörte, eigentlich, sagt er ihr nicht. Auch Lisa gehörte vielleicht woanders hin, oder hat sie am Montag frei? Wenn sie schon dableibt, obwohl er so fürchterlich aussieht und nicht das Richtige sagt, kann sie doch zumindest erwarten, daß er die Übung vergißt.
Sie hat die Arme um die Knöchel geschlungen, und als sie das Kinn auf die Knie legt, vielmehr in die kleine Vertiefung dazwischen, weiß er auf einmal, worauf sie wartet, sie müßte nicht sagen: Erzähl.

Der Winter. Mitten im Sommer, am Sonntag in seinem Garten, ein griechischer Winter. Stefan fängt damit an, weil Helen fragt, und Helen fragt, weil ihr so durch und durch warm ist, daß sie sich zutraut, einen Winter zu bestehen.
Er setzt früh ein in jenem Jahr, Ende Oktober schon: tagelang Regen, und gleich ist es kalt. Nicht wie bei uns, versteht sich, wahrscheinlich nie unter Null. Zwar einmal sieht er Schnee liegen, als er in die Stadt fährt, in einer Schattenmulde unter dem Paß, aber im Dorf bleibt es beim Regen, es regnet bis Anfang März. Natürlich nicht ununterbrochen, es gibt unentschiedene Tage: verhangen, windig, grau. Dazwischen auch mal die Sonne, doch: unversehens ein Tag in Blau und Weißgold, etwas wie Septemberlicht mitten im Winter – und die Leute sofort wieder alle vor der Tür.
Sein Zimmer, stellt sich heraus, ist ein Sommerzimmer. Überall Ritzen, durch die es hereinzieht, in der Decke zwei lecke Stellen, durch die es auf die Fliesen tropft, und sobald es etwas heftiger stürmt, dringt der Regen auch unter der Balkontür herein. Kein Wunder, daß die Wände zu schim-

meln beginnen. Bald riecht es wie in einem Keller bei ihm, und seine Hose, wenn er sich vor die Heizsonne stellt, dampft.

Die Heizsonne hat er sich selbst gekauft, in der Stadt. Sie braucht zuviel Strom. Manchmal steht er vor dem Zähler und sieht zu, wie das Rädchen rundumrast, wie die rote Markierung wieder- und wiederkommt. Das Zimmer erwärmt sich davon kaum, doch er kann sich die Hände wärmen, die Füße, die Knie. Wenn möglich läuft er sich draußen warm, aber bald sind die Wege hügelauf und -ab ein einziger Morast, in den Senken steht das Wasser oft knöcheltief, weil der Lehmboden es nicht versickern läßt und die Sonne selten lang genug scheint, um es aufzutrocknen. Während Tagen bleibt ihm nur das Geröll zum Gehen, doch am Meer ist der Wind am empfindlichsten spürbar, oft ist ihm nach diesen Gängen kälter als zuvor.

In der Wohnküche der Vermieter ist es warm, der Herd ist zugleich der Ofen, wie früher bei den Bauern hier. Sie laden ihn ein an die Wärme, immer wieder: den ganzen Tag dürfte er bei den vielen Stühlen sitzen. Er sagt ihnen, er friere nicht. Dafür watet er durch die aufgeweichten Gassen zur Taverne, bespritzt sich die Hose bis zu den Knien, um sich dort eine Weile neben den Ofen zu setzen. Es ist einer von den altmodischen aus Eisen, er steht mitten im Raum mit einem langen, kunstvoll gewundenen Ofenrohr, und wenn er so richtig glüht, kommt Stefan selber zum Glühen. Er schwitzt zum Abgewöhnen, sozusagen, während er ißt und dem Reden zuhört, schwitzt so lang, bis er sich auf sein kühles Zimmer freut.

Daß nun mehr Männer in der Taverne sind als im Sommer, ist klar: es gibt weniger zu tun. Die letzten Oliven sind im November geerntet worden, danach wird das Geäst der Ölbäume verdünnt. Zwar trifft Stefan sie auf seinen selten gewordenen Gängen in die Hügel nicht bei der Arbeit, aber er sieht die archaischen Leitern und die Äste am Boden, ab und zu auch einen Bauern, der mit dem Esel ganze Berge

dieser Äste ins Dorf führt; was mit dem grünen Holz geschieht, erfährt er nicht. Doch wird mit den Eseln auch Brennholz eingebracht, wahrscheinlich von dem riesigen Holzplatz, auf den er im Sommer gestoßen ist. Tagelang ist das Gekreisch der Motorsäge zu hören, sie wird weitergereicht von Haus zu Haus. Einmal stößt er auf einen, der Schnaps brennt, in einem improvisierten Unterstand hinter dem Dorf, und in den Hügeln sogar auf einen, der Holzkohle macht. Dem schaut er lange zu, das hat er noch nie gesehen. Mit einem langen Stab stapft er auf dem Meiler herum, und wo er den Stab einsticht, steigen kleine Rauchsäulen auf, wie herausgezaubert aus dem Hügel, der rußige Mann als der Hexenmeister, immer dichter von seinen Räuchlein umweht.
Von der häuslichen Winterarbeit weiß Stefan nichts, weil die Türen nun geschlossen sind. Das wenige, was die Bauern noch draußen tun, bemerkt er oft erst an den Folgen. Daß einige Landstücke umgepflügt worden sind, fällt ihm wegen des Farbwechsels auf. Die aufgebrochene Erde ist ziegelrot, ein fast zu lauter Kontrast zur winterlichen Macchia; er wird aber rasch leiser, weil es schon im Dezember zu sprießen beginnt. Für Stefan sieht es aus wie ein junger Rasen, er vermutet, daß sie alljährlich ihr Gras neu ansäen, bis er erfährt – bei einer seiner Wörterbuchunterhaltungen mit dem Vermieterpaar –, es sei Korn.
Die meiste Zeit sitzt er an seinem Tisch, die Heizsonne in der Nähe, nur wenn ihm allzu kalt wird, geht er im Zimmer auf und ab. Vom Kirchlein bimmelt es nun oft, die Feiertage häufen sich. Er kennt sie nicht alle, Sankt Nikolaus immerhin, und natürlich Weihnachten. Da steht bei der Krämerin ein Christbaum, mit farbigen Lämpchen und viel Plastikflitter drauf. Auf dem Dorfplatz die armseligste Krippe, die man sich vorstellen kann: eine Felsengrotte aus Papiermaché, von der die Farbe in Fetzen herunterblättert, drin lebensgroße, nur auf der Vorderseite bemalte Pappfiguren, dreidimensional immerhin das Kind: eine nackte Puppe aus Zelluloid.

Die Krippe hat er erst nach Weihnachten gesehen, weil er während der Feiertage nicht aus dem Zimmer geht. Er will nicht eingeladen werden, deshalb. Er hört das Getümmel aus der Wohnung der Vermieter, er stellt sich gern vor, daß die Stühle nun gebraucht werden, aber dabeisein will er nicht. Er horcht auf die Stimmen von unten wie früher auf den Lärm des Dorfs. Der ist viel dünner geworden, seit es regnet; oft bleibt es in der Gasse stundenlang still.
Zu Silvester soll er dann doch eingeladen werden: er hört die Schritte auf der Treppe und weiß Bescheid. Daß der Vermieter seine zwei Söhne mitbringt, als wolle er der Einladung Nachdruck verleihen, indem er ihm seinen stolzesten Besitz vorführt, macht das Neinsagen schwierig, Stefan fühlt sich bedrängt. Er schützt eine Fahrt in die Stadt vor, weil er sich anders nicht zu entziehen weiß, und so beginnt er das neue Jahr im geheizten Hotelzimmer, mit Bad und einem Rundfunkempfänger, den benützt er allerdings nicht. Er trägt sich mit dem Gedanken zu bleiben, bis es wärmer wird, schließlich ist er ja kein Asket. Das Hotel ist gut, für griechische Verhältnisse geradezu komfortabel, es sind auch ein paar andere Fremde da, sogar Deutsch hört er reden beim Frühstück, doch er redet mit niemand und niemand mit ihm. Er kommt sich deplaziert vor, täglich ein wenig mehr, und nach vier Tagen hat er genug, er gehört nicht hieher.
Er kauft sich Schuhe mit zentimeterdicken Sohlen, einen Pullover aus griechischer Wolle, ein paar Flaschen Rum für Grog. So gerüstet, macht er sich auf die Rückfahrt ins Dorf. Unterwegs, als der Regen ein wenig nachläßt, stellt er fest, daß die Wiesen jetzt richtige Wiesen sind, hellgrün und blütengesprenkelt; am Straßenbord erkennt er Gänseblumen und Zyklamen. Dann vor dem Kafeníon im ersten Dorf, wo der Bus hält, eine frisch aufgeblühte gelbe Rose, sage und schreibe am vierten Januar, und er friert. Während die andern sich die Beine vertreten, schlägt er das Wort für Rose nach und ist ein wenig enttäuscht, weil es triandáfyllo heißt. Würde er etwas mit dem Namen Dreißigblatt für schön hal-

ten wollen? Ein Neutrum, und so unpoetisch, am Ende finden die Griechen ihre Rosen gar nicht schön. Daß ihm nun *a rose is a rose is a rose* einfällt, amüsiert ihn, und gleich amüsiert ihn der ganze Gedankengang. Er hat ein neues Wort gelernt, und daß es sich aus zweien zusammensetzt, die er kennt, ist immerhin praktisch. Ebenso praktisch, wie daß das Gänseblümchen margaríta heißt und Transporte, als Aufschrift auf den Lastwagen, metaforaí. Muß er nicht froh sein um alles, was man sich so leicht merken kann? Vielleicht gibt es ja Rosen auch in seinem Dorf.
Es dunkelt schon, als er in sein Zimmer zurückkommt. Es ist nicht überschwemmt, im Gegenteil: das Wasser ist aufgetrocknet worden, auch der Schimmel von den Wänden gefegt. Anderntags hört er, daß der Hauswirt sich überwunden hat, zusammen mit einem Nachbarn das Dach zu flicken. Es tropft jetzt weniger, nur das Blau der Decke ist endgültig verdorben, das tut ihm leid.

Die Haustür, schon wieder. Das Krachen der Treppe. Lisa hebt den Kopf von den Knien. Sie lauschen, die Schritte hören auf, und nun eine Klingel. Nicht für dich, sagt Lisa. Auf der Stirn hat sie einen roten Fleck. Er horcht auf die Stimmen – ein Baß? –, der Stuhl kippt um, als er aufspringt, sie sind auf seiner Treppe, jemand will zu ihm. Ein Morgen ist das, Menschenskind. Und Lisa auf dem ungemachten Bett. Wenn sie wenigstens die Stiefel anziehen und sich ordentlich hinsetzen würde. Er stellt den Stuhl auf, ist draußen auf dem Treppenabsatz noch vor den andern. Die Vermieterin sagt entschuldigend: Der Installateur.
– Wir gehen gleich.
Lisa steht schon im Mantel da, er weiß nicht, wie sie das macht. Er zieht sich die Jacke im Hinuntergehen an, sie hat ihm die Tasche abgenommen und geht voraus.
– Verzeih.
Er sagt es mit dem Rücken zu ihr, er zerrt an der Haustür, die nicht ins Schloß fallen will, oder nicht rasch genug. Sie

wartet, er nimmt die Tasche, sie nimmt seine andere Hand. Nun riecht er Kaffee, Einbildung natürlich, rundum sind alle Fenster zu.

– Triandáfyllo klingt hübsch. So hübsch wie Rose.

– So hübsch wie Tausendfüßler.

Lisa lacht. Sie wirft den Kopf zurück, der Druckfleck auf der Stirn ist fast weg. Oder Siebenschläfer, sagt sie, und obwohl sie nun auf dem Trottoir sind, wo frisch gestreut worden ist, läßt sie seine Hand nicht los. Was bleibt ihm übrig, wenn er sich schneuzen will, als die Tasche abzustellen? Dafür muß er stehenbleiben, und Lisa mit.

Das zweitletzte Papiertaschentuch. Hoffentlich findet sich unterwegs ein Kiosk.

Die Tasche nicht vergessen, und weiter. Mit den Turnschuhen geht es sich gar nicht schlecht. Lisas Stiefel sind wärmer, klar. Warum sagt sie nichts mehr?

Genau weiß er nicht, wo sein Bus fährt. Baslerstraße heißt die Haltestelle. Die Baslerstraße ist lang.

– Zum Tram mußt du da hinauf.

– Kommst du nicht mit?

– Über die Europabrücke ist es kürzer.

Wenn sie ihn nur nicht begleiten will. Er ist zu müde, wirklich. Und mutlos. Hat er sich Lisa je fortgewünscht?

Sie geht. Sie hat ihm die Arme um den Hals gelegt, einen Augenblick, er hat ihre Haut gerochen oder sich an den Geruch erinnert, und nun rennt er ihr nach.

– Kommst du heute abend? Magst du?

Sie wird kommen. Hat sie genickt oder *Ja* gesagt oder *Ja, ich mag*? Warum merkt er sich nichts. Sie ist schon fast in der Badenerstraße, sie geht rasch. Schön sieht sie aus in ihrem wehenden schwarzen Mantel. Schwarz steht ihr, und der Winter auch.

Daß sie Vater versetzt hat. Lang wird er wohl nicht gewartet haben. Oder hat er dort allein zu Abend gegessen und sich nicht anmerken lassen, daß das Ausbleiben der Dame ihn kränkt? *Und mit so was verkehrt nun mein Sohn.* Bestimmt

hat er sie Dame genannt dem Kellner gegenüber, und um so eher, als sie nicht kam. Einer Dame muß man verzeihen, der Kellner zumindest; daß Vater sich ärgert und die Dame keine Dame ist, geht einen Kellner nichts an.
Sein Magen knurrt, so genierlich laut, daß er sich umsieht. Niemand da zum Genieren, er ist der einzige Fußgänger, dabei ist das Trottoir breit, und geräumt ist es auch. Richtig trostlos hier, eine öde Gegend, Garagen, Lagerhäuser, Gewerbezone vielleicht. Aber Wohnhäuser gibt es doch, neue sogar. Wer wohnt hier, *muß* man hier wohnen? Hinter einigen Fenstern brennt Licht, Küchenfenster, versteht sich, dahinter frühstücken sie jetzt.
Ein Gentleman ist einer, der auch im Finstern die Hand vor den Mund hält. Kindisch, die Genugtuung, nur weil er in die Luft gähnt. Regelverstöße ohne Zeugen, du liebe Zeit, nichts leichter als das.
Das *St-Etienne*-Prinzip.
Doch daß es leicht gewesen ist, möglicherweise, nimmt er Vater nicht übel. Er weiß ja zwar gar nichts, aber ihm kommt vor, daß Vater nichts mitgebracht hat von dort (von seinem Namen einmal abgesehen). Er hat etwas *getan,* doch wenn es Folgen gehabt haben sollte, dann sicher nicht für ihn selbst. Wie könnte einem Täter etwas geschehen? *Er* tut – und den andern geschieht.
Ein Bus, da vorn fährt ein Bus. Zu weit, viel zu weit, um zu rennen. Er muß sich wirklich einen Fahrplan beschaffen. Den von der Forchbahn und vom Elfer hat er im Kopf gehabt.

Stefan verkommt. Nicht plötzlich, aber ziemlich rasch. Vieles wirkt zusammen, er macht keine Einwände, sieht einfach zu.
Ein Sturm zuerst, kurz nach seiner Rückkehr aus der Stadt. Der Strom fällt aus, das ist keine Seltenheit, doch diesmal dauert der Ausfall tagelang, auch das Unwetter hört nicht auf. Der Regen drückt unter der Balkontür durch, zwei-,

dreimal täglich muß er auftrocknen, von der Decke tropft es auch wieder stärker, er friert sogar im Bett. Ein Arm beginnt ihn zu schmerzen, vermutlich eine Folge der Feuchtigkeit, alles ist wieder feucht: die Wände, die Leintücher, die Kleider, die Luft.

Zum Frühstück trinkt er jetzt Grog, um sich warm zu machen. Das Auftrocknen der Fliesen fällt ihm jeden Tag schwerer, weil der Arm immer kraftloser wird; wie soll man mit nur einer Hand einen Lappen auswringen. Dann hört der Regen auf, doch nun ist sein Arm steif, die kleinste Bewegung treibt ihm das Wasser in die Augen, er bekommt ihn nicht mehr aus dem Pullover heraus. Kein Wäschewaschen mehr, kein Ausfegen des Zimmers, das Rasieren läßt er auch weg.

Immer in denselben Sachen, ungewaschen, stoppelbärtig, sitzt er an seinem Tisch. Er trinkt mehr Wein als früher, und manchmal redet er mit sich selbst. Öfter sitzt er nur da, auch in der Nacht, weil der Arm ihm den Schlaf verdirbt. Leidet er? Leiden braucht Kraft.

Einmal noch rafft er sich auf und fährt in die Stadt. Nachts kommt er mit einem Taxi zurück, hundertvierzig Kilometer über schlechte, unbeleuchtete Straßen, den Kofferraum voll von Dosen und Flaschen, die er sich vom Fahrer in die Küche hinauftragen läßt. Jetzt ist er verschanzt. Er fängt unmäßig zu trinken an. Er wandert mit dem Glas in der Hand durchs Zimmer, er redet, er singt.

»Ja, damals habe ich gesungen«, sagt er, »Kinder- und Kirchenlieder, ganze Sinfonien.«

Was alles er sich erzählt habe, wisse er nicht, doch seien es heitere Tage gewesen, voller Farbe, wenn auch natürlich nur im Kopf. Die bunte Unordnung, auf die er da gestoßen sei, habe ihm gefallen, er sei sich selber erstaunlich geworden, ungeläufig, wenn man so sagen könne, er habe sich von Überraschung zu Überraschung gelacht. Sicher, wenn jemand ihn gesehen hätte, würde er sich über seinen Zustand entrüstet haben: schmutzig, verwahrlost, zu keiner Tages-

zeit nüchtern – das sei unerfreulich für Zuschauer, durchaus. Er habe aber wie gesagt das Zimmer nicht mehr verlassen, auch seine Tür nicht mehr aufgemacht.
»Keiner hat mich gesehen. Und mir selbst bin ich recht gewesen. Vielleicht so recht wie noch nie.«
Helen hakt den Blick an den Rosen fest, sie ist erschrocken. Nicht so sehr über das, was er erzählt, sondern weil er es nun wirklich erzählt. Einmal, ganz zuerst, hat er zu seiner Handbewegung ausgeholt, sie hat die Anstrengung gesehen, mit der er die Hand zurücknahm, hat sich dabei ertappt, wie sie die Luft anhielt, als sei es ihre eigene Anstrengung –
Nein, anschauen darf sie ihn nicht mehr. Sonst sagt sie: Hör auf.

Das ist gar nicht sein Bus gewesen vorhin, hier fahren zwei. Der nach Höngg kommt erst in drei Minuten, pünktlich, hofft er, zum Herumstehen ist es zu kalt. Wenigstens schneit es nicht, und hell ist es heute auch.
Eine Gegend ist das. Wohlstandsmediokrität, würde Vater sagen. Nicht häßlich, nicht schön, durchschnittlich gesichtslos, dafür mit Geschirrspüler und Mikrowellengrill. Das war nach einem Besuch in Birmensdorf. Altstetten wird Vater nicht kennen, da fährt man ja höchstens mal durch.
Die alte Frau will auch auf den Bus. Sie kommt direkt auf ihn zu, mit vorsichtigen Trippelschritten. Grüßt man sich hier, muß er Guten Morgen sagen? Sie hält sich an der Stange der Haltestellentafel fest, steht da und zittert vor Kälte. Wenn er so dick eingewickelt und verpackt wäre –
Einer mit Aktentasche, den hat er nicht kommen sehen. Stellt gleich die Tasche in den Schnee und blättert die Zeitung auf. Ein Bänkler? Korrekt von den Schuhen bis zum Hut. Seine Ohren sind aber doch dunkelrot, und der verkniffene Mund rührt wohl davon her, daß er sich anstrengt, nicht mit den Zähnen zu klappern. Oder ist der Dollar wieder gefallen? Er liest aber das Feuilleton.
Woanders hinsehen. Oder nirgends. Man muß nicht alles

sehen. Ist nicht überflüssig, daß er den Bus halten und sich einsteigen sieht? Eingestiegen wäre er sowieso, würde sich irgendwann drinnen gefunden haben, nicht anders als jetzt: die Tasche neben den Füßen, eine Hand am Haltegriff, ohne Sitzplatz, versteht sich, man ist jung, man hat frisch zu sein.

Zum drittenmal schneuzt er sich schon in diesen aufgeweichten Fetzen, der einmal ein Papiertaschentuch war. Abscheulich. Die Nase tut ihm so weh, als sei keine Haut mehr drauf. Und der Magen knurrt wieder, je nun, er ist schließlich im Recht. Seit bald zwanzig Stunden nichts mehr gegessen, wer hält das denn aus.

Er muß einen finden, der ihn die Übung abschreiben läßt. Thomas vielleicht, am ehesten Thomas, der ist nicht herablassend und nicht borniert. Soviel er weiß, hat er auch andern schon ausgeholfen, und wenn's nötig ist, und wahrscheinlich wird es ja nötig sein, kann er zu Thomas sogar ein zweites Mal gehen.

Bis Semesterschluß sind noch sieben Wochen. Macht drei mit dem Taxi, das geht. Er wird in den Ferien nachlernen, was er versäumt hat, und im Sommersemester – Nein, so weit denkt er nicht voraus.

Es ist Winter, und was für einer. Stefan trinkt. Er wandert durchs Zimmer, vergißt den steifen Arm und die Kälte, nachts steht er manchmal mit seinem Glas auf dem Balkon. Wenn er schwer genug ist vom Wein, schläft er ein wenig; sobald der Rausch nachläßt, weckt ihn der Schmerz im Arm. Er beglückwünscht sich zu den Zweiliterflaschen mit dem Drehverschluß, mit dem Korkenzieher käme er nicht mehr zurecht. Das Öffnen der Konservendosen macht ihm Mühe, oft braucht er dafür länger als zum Essen, er ißt nicht mehr viel.

Nicht all seine Sinne stumpfen ab durch die Trunkenheit. Geschmack und Geruch sind zwar unwichtig geworden, sein Kälte- und Schmerzempfinden ist reduziert, aber Augen und

Ohren sind wach geblieben: er hört alles, er sieht scharf wie nie.
Einmal gegen Morgen den Himmel. Er steht auf dem Balkon, der erste Mensch in der ersten Nacht. Wenn das der Himmel ist, diese brandschwarze Tiefe mit den pulsierenden Feuern, hat er noch nie einen Himmel gesehen. Das ist nicht die Kuppel mit aufgesticktem Gold, kein Sternenzelt, nichts, das die Welt überwölbt und zusammenhält. Es ist im Gegenteil die Abwesenheit von allem Bergenden, das unbedingt Offene, Uferlose; Freiheit und Verlorenheit als eins, zum erstenmal *gesehen,* mit Schwindel und Schreck gesehen. Um nicht hineingerissen zu werden in diesen Raum ohne Rand, ihm nicht anheimzufallen mit Haut und Haar, muß man sich festhalten: am Glas, am Balkongeländer, am schmerzenden Arm.
In einer andern Nacht die Hunde. Ein wütendes Gekläff, in den Hügeln zuerst. Zwei, fünf, ein Dutzend? Der Lärm nähert sich dem Dorf, zieht ein, läuft in den Gassen um, entfernt sich zum Meer, kommt zurück. Eine Meute auf Jagd, so hört es sich an, nur sind es nicht die Hunde, die rennen, das Bellen rennt; eine Staffette, so ausgeklügelt, als sei jemand da, der die Einsätze gibt. Auch in seine Gasse kommt es, er hat den Schatten auf dem Vorplatz des Ladens gesehen, noch bevor es anfängt, am andern Gassenende zwar, doch in Sekundenschnelle hindurch: der Schatten rührt sich, wenn auch nicht weg vom Haus, er kläfft seinen Part in die Dunkelheit, hört auf, als es Zeit ist, und der Lärm wandert fort. Stefan staunt. Alles ist ihm merkwürdig geworden, alles geht ihn an. Nein, mitgebellt hat er nicht, aber er hätte es gekonnt, glaubt er, hätte genau an der richtigen Stelle eingesetzt, wäre rechtzeitig verstummt.
Das Staunen als Zustand. Nichts ist wie schon immer, nichts ganz bekannt. Das Gehen zum Beispiel, wie ein Betrunkener geht. Dieser gefährdete aufrechte Gang. Das Gefühl zu schweben und der Hang zum Fallen dicht beieinander, das Gehen als Verdoppelung: Engel und gestürzter Engel –

Stefan sieht sich das an und lacht, was könnte er gegen das Zwei-Sein haben. Ein einziger, einer für sich, war er lang genug.
Oder er setzt sich an seinen Tisch und schaut zur verdorbenen Decke auf, wo sich am äußersten Rand eines Risses Tropfen bilden; sieht zu, wie sie wachsen, schwer werden, fallen; horcht auf das Geräusch, mit dem sie in den Scheuerkessel klatschen. Bei besonders schweren Tropfen, und wenn der Kessel schon fast voll ist, spritzt es heraus, gegen das Bett, gegen seine Knie oder einfach auf die Fliesen; das gefällt ihm: ein Geräusch mehr. Erst wenn aus den Spritzern neben dem Kessel eine Lache wird, überwindet er sich, ihn zu leeren, worauf das Tropfen eine Weile ganz anders klingt, ein Getrommel geradezu, wenn auch sehr langsam und ohne Takt, und er, um sich von jedem Aufschlag überraschen zu lassen, schließt die Augen, wartet, horcht.
Kinderspiele. Täglich neu erfunden, täglich zum erstenmal gespielt. Dabei wächst ihm der Bart, und der Weinvorrat nimmt ab. An seinen unbrauchbaren Arm hat er sich gewöhnt, oder vielmehr: er hat sich von ihm losgesagt. Er läßt ihn an sich hinunterhängen wie etwas, das ihm nicht gehört; es gehört ihm so vieles jetzt, daß er auf dieses eine verzichten kann. Nur im Schlaf weiß er nichts von der Amputation, da bewegt er sich, als sei der Arm noch vorhanden, wirft sich herum und legt sich drauf, daß er stöhnend aufwacht, verraten, verwirrt. Etwas wie Entsetzen manchmal, das aber nicht vorhält, nicht bis nach dem zweiten Grog.

Meierhofplatz, die nächste muß er raus. Wenn ihm nur der Neunundsechziger nicht vor der Nase wegfährt. Er will nicht zu Fuß gehen, nicht mit den Turnschuhen, nicht bei diesem Schnee.
Muß die ihn so giftig ansehen? Wenn sie über seine Tasche stolpert, ist das ihre Sache, sie soll eben die Augen auftun. Hat vielleicht auch zuwenig geschlafen und keinen Kaffee gehabt. Eigentlich sehen alle so aus. Mißvergnügt, doch, das

Wort gibt es, *der Winter unseres Mißvergnügens,* Shakespeare. Das heißt, Shakespeare natürlich nicht, Schlegel halt oder dieser Graf Baudissin. Mit Theater ist vorläufig auch Schluß.

Ob er versuchen sollte, im Bus zu lesen? Mit dem *Malte Laurids* ist er fast durch. Hat ihn umgeworfen zuerst, hat man denn eine Chance gegen solche Sätze? Richtig erleichtert ist er gewesen, als sie weitmaschiger geworden sind nach ein paar Seiten, noch lange nicht dünn, aber doch so, daß da wieder ein Buch war, und er der Leser: zweierlei.

Gut, daß er sich den Schluß aufgehoben hat bis jetzt, so hat er sich wenigstens Vaters Kommentar erspart. Nie hat er darauf verzichten wollen, die Bücher, die er ihm schenkte, nach der Lektüre mit ihm zu besprechen, und bei Vaters Zeitmangel, versteht sich, immer bei Tisch. Hat dem Sohn unterstellt, daß er nicht weiß, was er gelesen hat, während er seinerseits, vor lauter Dozieren, nicht die geringste Ahnung hatte, was er aß.

Büchner hat er sich gerettet, indem er ihn verleugnet hat. Woyzeck von der Suppe bis zum Dessert? Nein, den hat er Vater nicht auf den Teller gelegt. Kann ich nicht lesen, hat er gesagt, und Vater, weil er ja weiß, daß er blöd ist, hat es sofort geglaubt.

Nun steht er wieder draußen, die Kälte ist jedesmal ein Schock. Aber wach ist er endlich, ziemlich wach. Und kaum ist der eine Bus fort, taucht schon der andere auf, Glück muß man haben.

Drinnen tropft ihm gleich wieder die Nase. Hoffentlich sieht keiner her, wenn er sie mit dem Handrücken abwischt. Was macht er jetzt mit der nassen Hand? Als ob ein Schnupfen nicht auch ohne das unappetitlich genug wäre.

Keiner im Bus, den er kennt. Alle sitzen in der Vorlesung, klar. Wenn er sich beim Kiosk ein Brötchen kauft, kann er es auf dem Weg zum Hörsaal essen und kommt nicht viel zu spät. Noch fast zwei Stunden ohne Kaffee, er darf nicht daran denken.

Er kennt doch jemand: die Frau mit der großen Tasche, vorn beim Chauffeur. Eine Kassierin aus der Cafeteria, ohne blaue Schürze sieht sie ganz anders aus. Griechin ist sie, nicht die einzige im Haus, spricht aber im Unterschied zu den Aufräumerinnen gut Deutsch. Jetzt schweigt sie wie alle, sitzt für sich wie die andern, hat sich abgefunden wahrscheinlich, mit dem Leisesein, mit den Schweizern, mit dem Schnee. Oder stiehlt sie sich fort? Sitzt vielleicht mit dem Strickzeug in der Gasse vor ihrer Tür und schwatzt mit der Nachbarin, Blumentöpfe neben sich oder ein paar Hühner, die sie verjagt, nicht weil sie stören, nur weil es ein wenig Kühle bringt in die heiße Gasse, wenn sie oust-oust-oust ruft, etwas wie Wind.
Aussteigen muß sie doch, sie auch. Aber er rennt an ihr vorbei, an allen, ist als erster beim Kiosk. Sich in ein trockenes Taschentuch schneuzen und ein Sandwich essen, dringend, oder lieber zwei. Nur das Zellophan müßte er noch aufkriegen mit den kalten Fingern – also wirklich, leicht machen die es einem nicht.

Stefan tastet sich wie im Finstern an seine Wintersätze heran. Er erzählt stockend, muß immer wieder nach dem Erinnern tauchen. Das Erschrecken hat er abgetan. Was sind denn die kleinen Preisgaben von früher gewesen im Vergleich zu dem, wozu er nun offenbar entschlossen ist. *Mit Todesverachtung* entschlossen, denkt Helen, und sie fürchtet sich. Sie ist aufgestanden und hinter seinen Sessel getreten, als könne sie ihm Deckung geben, mit ihrem Körper den Riß verstellen, der sich auftut für ihn, dort in seinem Winter, und hier im Garten nochmals.
Reglos steht sie in seinem Rücken, überflüssig und dumm und lächerlich. Nicht einmal die Sessellehne traut sie sich anzufassen. Wovor hat sie Angst? Eine Saufgeschichte, du lieber Gott, was ist denn dabei. Das ist schon andern passiert, es ist nichts Besonderes; man fällt und steht wieder auf.

Der Hohn hilft ihr nicht, und was verhöhnt sie überhaupt. Einmaliges ist nicht zu haben, für niemand, und falls es sich doch einmal herbeiließe zu einem, könnte er schwerlich davon reden, und wenn er es trotzdem versuchte, wer sollte ihn verstehen.
Sie zwingt sich zurück in ihren Sessel, Stefan braucht ihren Beistand nicht. Seine Geschichte ist nicht aufzuhalten und nicht zu ändern, sie kann nichts tun, als auf das Ende warten. Kein Ende mit Schrecken, er ist ja zurückgekehrt, sitzt hier bei ihr unter den Birken, wohlbehalten und ganz.
Ein alter Mann, der sich erinnert.
Nie hat er von sich geredet wie jetzt, und vielleicht gar nicht aus Scham, wie sie gemeint hat, sondern weil es ein Eingriff ist. Weil Wörter etwas Abschließendes haben, eine Endgültigkeit, hinter der nichts mehr nachwächst.
Hat das Stefan gesagt, oder fängt sie an, in seinem Namen zu denken? Daß er sich ärmer macht, sich und was er mitgebracht hat von dort, wenn er davon erzählt – kann er das gesagt haben, oder hat sie es sich ausgedacht?

Ein Niesanfall. Das kommt von der Sonne, auf einmal ist die Sonne da. Und diese Unmenge Schnee. Wie in einem Wintersportprospekt: der Waidberg als Übungshügel, das Physikgebäude ein Grandhotel. Der kälteste Winter seit Menschengedenken, hat einer im Bus gesagt.
Die Springbrunnen im Hof sind vereist, hübsch sieht das aus. Aber einen Durst hat er – Das zweite Sandwich muß er sich aufheben bis zum Kaffee.
Einer am Kopierapparat in der Halle, sonst alles leer. Keiner auf der Treppe, keiner im Gang. Eine Dozentenstimme ab und zu, gedämpft durch die Tür. Da sitzen sie nun zu Hunderten und schreiben Formeln von der Tafel ab. Man kann nie, was gebraucht wird, das steht fest. Hätte er Helen mit der Bernoullischen Gleichung kommen sollen, oder mit dem Impulssatz vielleicht?
Am Ende sind sie alle nur hier aus Ratlosigkeit. Geschiebe,

irgendwo abgesetzt. Da man nicht weiß, wie sich das Nötige lernt, lernt man Verwertbares. Haarsträubend, wenn man's genau nimmt, aber etwas muß man ja tun.
Die Tür bremsen, daß sie nicht zukracht; immer ist der Schließer zu hart eingestellt. Gut, daß Turnschuhe so leise sind, ein unspektakulärer Auftritt, kaum einer hebt den Kopf. Nur daß er beim Auspacken den Kugelschreiber fallen läßt und ihm die zwei Stufen, die er hinunterrollt, nachlaufen muß. Jetzt grinsen ein paar, versteht sich. Die sollten mal seine kalten Hände haben.
Wie der *Strömung* sagt. In der Limmat geschwommen ist der sicher noch nie. Hat keine Zeit für Unwichtiges, klar. Ob Vater sich ausnimmt vor seinem Hörsaal wie der? Ohne Formeln natürlich, so Eindeutiges ist in seinem Fach nicht zu haben. Um so hochmütiger wird er sich hinstellen müssen. Teilt Geist aus von seinem Geist und darf keine Lücke lassen für Zweifel. Kennt alles, weiß alles, sagt alles –
Kann man sich etwas vorstellen, das Vater *freut*?
Der Kugelschreiber schmiert, er muß den Bleistift nehmen. Tun, als ob das hier das Nötige wäre. Wenn es die andern können, kann er es auch.

VIII

Er friert. Warum brennt das Licht. Und Lisa neben ihm, seit wann. Hat ihn schlafen lassen und schläft selbst, zugedeckt mit ihrem Mantel, schlecht zugedeckt. Die Heizung muß fast aus sein, gemein bei dieser Kälte. Hat man an einem einzigen Schnupfen nicht genug? Die Papiertaschentücher sind drüben auf dem Tisch.

Trotz der Vorsicht, mit der er über Lisa hinüberklettert, wacht sie auf. Sie blinzelt, zieht sich den Mantel übers Gesicht. Wenn er das Bett aufdecken soll, muß sie aber aufstehen, die Decke ist wärmer als der Mantel, und da sie nun ohnehin wach ist –

– Nur eine halbe Minute, komm.

Nein, sie will keinen Pyjama. Sie legt bloß ihren langen Rock ab und verkriecht sich gleich wieder. Hat ja auch recht: zum Ausziehen ist es zu kalt. Aber das Licht muß er ausmachen. Ob er geschnarcht hat zu Lisas Empfang? Blamabel natürlich, daß er eingeschlafen ist beim Warten, immer schläft er, ist ein Ekel vor Müdigkeit oder schläft.

Sie liegt mit dem Rücken zu ihm. Er spürt ihre Kniekehlen an seinen Knien, aber ohne Druck, sie schläft wohl schon wieder; einmal wenigstens ist sie es, die schläft. Wenn er das Licht angelassen hätte, könnte er ihr beim Schlafen zusehen, sie würde nichts dagegen haben, bestimmt.

Sie schläft doch nicht, sie kichert. – Du redest im Schlaf.

– Und zwar was?

– Hottentottisch.

– Formeln? Das könnte sein.

Rückt sie weg, oder meint er es nur? Er nimmt die Hand von ihrem Bauch, sie holt sie zurück.

– Du willst mir den Traum nicht sagen.

– Wenn du mir Zeit läßt. Vielleicht fällt er mir ein.

Sie schiebt seine Hand unter ihren Pullover, sie wartet, er zerbricht sich den Kopf. Der Fremde, das Taxi, der Wald hinter Witikon? Zu kalt, viel zu kalt. Wer will schon im Winter vom Winter hören. Lisa hätte einen Sommertraum verdient. Laß nur, sagt sie, ich will ja glauben, daß du ihn nicht mehr weißt.

– Vater hat mir meinen Mantel gebracht.

Einen Augenblick hört sie zu atmen auf. – Hieher?

– Auf den Hönggerberg. Er hat gewartet. Im Auto. Bei der Busstation.

Lisa lacht, zuerst gegen die Wand, dann dreht sie sich auf den Rücken, bettet sogar den Kopf in seinen Arm.

– Und du?

– Ich hab danke gesagt.

– Und weiter?

– Nichts. Er war müde, warum soll er nicht einmal müde sein. Er hat mir den Mantel gegeben und ist weggefahren.

Sie lacht nicht mehr, sie sagt auch nichts. Plötzlich ist das Gewicht ihres Arms die einzige Sicherheit für ihr Vorhandensein. Was denkt sie, wenn sie so stumm und abwesend ist? Er befreit seinen Arm, so behutsam wie möglich, steht wieder auf und knipst die Tischlampe an. Da liegt sie, das Gesicht wie mit Kreide umrissen, liegt in seinem Bett und hat ihn vergessen, Mutters gemalte Lisa, so kennt er sie nicht. Wo ist sie, für wen ist sie schön?

– Dir wird kalt werden.

Sie sagt es zur Decke hinauf, dort ist er nicht. Er steht beim Tisch mit seinen nackten Beinen, die Socken verrutscht, und fühlt sich ausquartiert. Er spinnt, er ist ja selber gegangen, und warum sollte Lisa nicht schön sein auch ohne ihn.

– Soll ich mich rasieren?

– Nicht jetzt.

Schlafen will sie, wird das heißen, sie rückt näher zur Wand. Stört es sie, wenn er liest? Sie stützt sich auf und sieht zu, wie er die Lampe unter dem Tisch durchfädelt und hinüberbringt. Das Bett hat kein Bord, er muß sie auf den Boden stellen, doch nun reicht das Licht nicht bis zum Bett hinauf, er schaut wohl ziemlich dumm drein, Lisa lacht.

– Weil du mir den Schluß noch schuldig bist, deshalb.
– Morgens um drei?
– Ist es nicht eine Tag-und-Nacht-Geschichte?
Sie legt sich zurück, verschränkt die Arme hinter dem Kopf, lacht zu ihm herauf. Auch wenn du mir die Nächte unterschlägst, sagt sie.
Im Bett hat er noch nie erzählt.

Ein Samstag im Februar, kurz vor Mittag. Stefan schrickt aus dem Schlaf, nach nur zwei oder drei Stunden. Nicht wegen des Arms diesmal, sondern weil der Wind etwas Blechernes übers Dach jagt. Unmittelbar über seinem Kopf ein Getöse wie am Schulsilvester: es bringt ihn auf. Seit er sich verkrochen hat, ist er täglich lärmempfindlicher geworden, auch das Licht ist ihm unangenehm, und bloß nachts macht er manchmal die Jalousien noch auf. Daß es regnet, weiß er auch so, das Rauschen hat seit Tagen nicht aufgehört, neu ist nur der Sturm.
Es ist kalt, doch sein Rum ist zuende, seit Mittwoch schon hat er keinen Grog mehr gehabt. Und nun der Wein, fünfundzwanzig Zweiliterflaschen in drei Wochen, vielleicht vier, er hat nicht genau mitgezählt. Daß er heute die letzte aufmachen wird, hat er schon gestern gewußt, aber jetzt, als er das erste Glas leert, gerät er in Panik, und er leert gleich noch eins, trinkt sich Mut an, er weiß nicht wofür. Nur daß etwas zu geschehen hat, weiß er, und daß es ihm keiner abnimmt, den Einkauf oder die Ernüchterung oder etwas Drittes, das ihm nicht einfällt, nach dem er auch bald nicht mehr sucht, weil er mit zunehmender Betrunkenheit den Anlaß seiner Angst vergißt. Nicht die Angst selbst, die sticht ab und zu herauf, wenn auch nur augenblicksweise; Augenblicke, die ihn seine Zimmerwanderung unterbrechen lassen, in denen er nach Luft schnappt oder die Wand anstarrt oder rasch das Glas austrinkt. Dazwischen die Pein des Lärms, wenn auf dem Dach wieder die Pfannendeckel klappern oder der Sturm in der Gasse einen Gegenstand zum

Tanzen bringt. Still möchte er es haben, er ist so versessen auf Stille, daß er nur noch selten und flüsternd mit sich selber spricht. Aber das kleine Geräusch seiner Schritte auf den Fliesen, wie ein verlangsamter Herzschlag, das mag er, das beruhigt ihn, und erst als er merkt, daß er den Takt nicht mehr finden kann, setzt er sich hin.

Natürlich fällt wieder der Strom aus. Er sieht zu, wie die Heizsonne finster wird; das Deckenlicht benützt er schon lange nicht mehr. Er sitzt im Dunkeln und überlegt, ob er die Kerze aus der Küche holen oder die Jalousien aufmachen soll. Es ist keine dringliche Überlegung, er läßt sich Zeit, vergißt es wieder, kommt darauf zurück. Schließlich steht er auf, die Balkontür ist näher, ohnehin wird es Abend sein, das Dämmerlicht hat er gern. Er bleibt eine Weile draußen, unter dem Vordach. Der Wind ist etwas schwächer geworden, der Regen nicht.

Als er hineingeht, stößt er mit der Schulter gegen die Tür, nicht heftig, aber es genügt, daß die Scheibe, die nur mit kleinen Nägeln befestigt ist, aus dem Rahmen fällt. Das Geklirr entsetzt ihn, minutenlang rührt er sich nicht vom Fleck, hält sich am leeren Rahmen fest, ohne Gedanken, nur den Nachhall dieses entsetzlichen Klirrens im Ohr. Erst das wiedereinsetzende Getöse auf dem Dach reißt ihn aus seiner Erstarrung, Glas knirscht unter seinen Schuhen, als er endlich die Tür, oder was von ihr übrig ist, zumacht und sich Richtung Tisch bewegt, wo er sein leeres Glas abstellt, um dafür die Flasche mit hinüber zum Bett zu nehmen. Bevor er sich hinlegt, trinkt er sie aus, so betrunken zuletzt, daß er kaum den Kopf auf dem Kissen hat und schon schläft.

Er weiß nicht, was ihn weckt, der Durst vielleicht, oder die Kälte. Zwar die Heizsonne ist wieder an, es ist das erste, was er sieht. Dann sieht er die Scherben, die leere Tür mit der Nacht dahinter, und als er die Flasche sieht, die ausgetrunkene, ist gleich wieder die Panik da. Er sucht seine Armbanduhr, die er nicht mehr getragen hat, seit der Arm steif ist, muß lange suchen, nicht weil es so viele Verstecke gäbe

im Zimmer, nur weil er den Koffer vergessen hat. Als er endlich draufstößt, unterm Bett, ist die Uhr stehengeblieben, natürlich, wie soll sie gehen, wenn er sie nicht aufzieht, er ist nicht bei Trost, ja, an dem Wort beißt er sich fest, bis es ihn zum Lachen bringt. Da ist er aber bereits auf den Beinen und geht seine Treppe hinab, geht durch den strömenden Regen geradewegs zur Taverne, sieht schon von weitem, daß sie noch hell ist, erleichtert, schon fast glücklich: er ist rechtzeitig erwacht. Als er hinkommt, ist er durchnäßt, er *muß* durchnäßt sein, nur liegt es außerhalb seiner Wahrnehmung, wie sein Äußeres überhaupt; ein Anblick zum Fürchten wahrscheinlich: direkt aus dem Bett, seit Wochen Tag und Nacht in denselben Sachen, bärtig, ungewaschen, womöglich hat er nicht einmal die Hose zu.
Als er anderntags aufwacht, ist es hell im Zimmer, viel zu hell. Er liegt im eigenen Bett, immerhin, doch was war davor? Er zieht sich die Decke über den Kopf, der Arm schmerzt ihn, obwohl er ganz still liegt, sich totstellt sozusagen, gegen den Schmerz und gegen das Erinnern, das ihn aber ebenso einholt, in Bruchstücken zumindest, während er den Geruch der feuchten Decke einatmet und vor Schwäche weint.
Er sieht sich auf einem Stuhl stehen, unter ihm Gesichter, Stimmen, Lachen. Er redet. Griechisch? Deutsch? Was um Gotteswillen hat er denn zu sagen gehabt? Oder hat er gesungen? Einer hat ihm herabgeholfen, hat ihm lachend auf die Schulter geklopft. Dann ist es unerträglich laut geworden, er hat sich die Ohren zuhalten wollen, nur daß der kranke Arm eben nicht mitwollte und im Zurückzucken das Glas umwarf. Gelächter. Meint es ihn? Münder, die essen und reden. Und immer wieder Lärm. Hat der Lärm mit ihm zu tun gehabt?
Ein Alptraum mit Löchern. Was er weiß, ist das wenigste. Und in all der Zeit, von der er nichts weiß, wo war er da? Was hat er gesagt, was getan oder nicht getan, wie sich aufgeführt? Wann ist er, und woher, in sein Zimmer zurück-

gekehrt? Mit wessen Kraft? Er liegt unter der Decke mit seinen Fragen, fragt sich umsonst; die Lücken sind nicht zu schließen, nicht von ihm.
Endlich setzt er sich auf. Er muß die Jalousien wieder vorlegen, gegen die Kälte und das Licht. Eine Weile sitzt er auf dem Bettrand, starrt halbblind vor sich hin. Erst als er die Schuhe anzieht, weil er in den Socken nicht über die Scherben kann, sieht er den Schmutz. Die Hände, der Pullover, die Hose, alles dick verkrustet; die Bettücher schaut er gar nicht erst an. Er schließt die Augen, vergißt die Schuhe, weil er sich nun einen Mann vorstellt, mit der Nase im Dreck, oder vielleicht nicht mit der Nase, sondern so, daß er noch Atem hat für weitere besoffene Reden, mit oder ohne Zuhörer, und als es ihm gelingt, die Vorstellung abzuschütteln, ist schon eine andere da: eine Lache von Erbrochenem, mitten auf dem Dorfplatz, und jedem, der vorbeigeht, wird erklärt: O xénos, der Fremde war's.
Vielleicht fiebert er. Oder es rührt vom dauernden Fehlen eines Gegenübers, daß er jedes Maß verliert. Er hat das Zimmer verdunkelt und sich wieder hingelegt, ins schmutzigste Bett seines Lebens, der Unehre angemessen, denkt er, der Erniedrigung, in die er gefallen ist. Er würgt an Zorn, Beschämung, Selbstvorwürfen, haßt sich, will nicht mehr aufstehen, nie mehr, wie kann einer wie er noch unter Leute gehen.
Ein endloser, schwarzer, verzweifelter Tag. Er wütet gegen sich, wünscht sich den Tod, dann verhöhnt er sich wegen des Wunsches, an einem angefaulten Arm stirbt man nicht, sowenig wie an der Schande, und er fängt mit dem Aufrechnen von vorne an: der Auftritt in der Taverne, der Mann im Straßendreck, und wenn ihm zwischendrin aufdämmert, oder vielleicht weiß er es die ganze Zeit, daß etwas Übertriebenes ist an seiner Verzweiflung, etwas Kindisch-Lachhaftes, verwendet er auch das gegen sich.
Irgendwann fällt ihm das Wort *verworfen* ein. Er hält es fest, probiert es sich an, faßt sich in seiner Erschöpfung

damit zusammen, und als habe er den ganzen Tag nur das Wort gesucht, wird er nun still. Er hört wieder die Tropfen in den Scheuerkessel fallen, hört den Regen, hört Stimmen von unten und seinen Atem, riecht wieder die Feuchtigkeit, spürt das Reißen im Arm, erinnert sich sogar der Scherben, die er aufkehren muß. Morgen, denkt er, und dann schläft er; er schläft die ganze Nacht.

– Und Helen? Du hast Helen verloren.
Lisa wirft sich auf den Bauch. Sie stützt sich auf die Unterarme, schaut auf ihn herab. Ihr Gesicht wird groß, kommt so nah, daß es nicht mehr in einen einzigen Blick paßt, er muß es sich zusammensuchen: Augen, Wangen, Nase, Kinn, Mund.
– Sie war nicht dabei. Niemand war dabei.
– Aber die Geschichte hast du von ihr.
– Ja, schon –
– Du nimmst sie ihr weg.
Ein Grübchen in Lisas Kinn, das hat er noch nie entdeckt. Oder ist es – Haar, nur noch Haar. Sie drückt den Kopf gegen seine Schulter und weint, zum erstenmal weint sie, weshalb. Er legt den Arm um sie, streicht über ihren Haarwust, was könnte er sonst tun. Wenn er sie trösten soll, muß er wissen, was ihr fehlt. Er hat nichts Kränkendes gesagt, glaubt er, er ist nicht schuld, daß sie weint.
Sein Pullover ist feucht, er spürt es, als sie den Kopf hebt. Sie schnieft und schluckt, wischt sich mit einer Ecke des Kissens übers Gesicht, schnieft nochmals.
– Er ist tot, weißt du, und Helen – Ich war gestern bei ihr.
– Wieso?
– Es ist mir halt eingefallen.
Da hat sie dann wohl im Telefonbuch die Adresse gesucht, ist ins nächste Tram gestiegen und hingefahren. *Ich bin Lisa, darf ich hereinkommen?* Alles traut er ihr zu.
– Ich hab im Bahnhof zwei Flaschen Fleurie gekauft und hab ihr gesagt, daß sie von dir sind. Da hat sie aber den Kopf

geschüttelt. Solche wie Etienne schicken Blumen, hat sie gesagt. Aber daß du mir eine Geschichte von ihr erzählst, hab ich gesagt, das sei nicht gelogen. Gefällt sie Ihnen? hat sie gefragt. Ich weiß den Schluß noch nicht, hab ich gesagt. Und sie: Er ist Freitag gestorben. Dann haben wir zusammen ein Glas von dem Wein getrunken, in ihrem Wohnzimmer, weißt du. Es ist schön bei ihr, das hast du mir nicht gesagt.
– Sie hat dir von ihm erzählt?
– Sie hat mich nach dir gefragt.
Und kein Wort mehr von Stefan? Was hat Lisa dann eigentlich gewollt? Ist sie am Ende hingefahren, um sich Rat zu holen, weil sie mit ihm nicht zurechtkommt? Hoffentlich nicht.
– Hat sie geweint?
– Nein.
– Sie ist zäh.
Lisa lächelt, ein so sonderbares Lächeln, daß ihm plötzlich die Luft wegbleibt. Sie hat Helen nicht zufällig den Wein gebracht.
– Sie soll sich den Boden wegziehen, meinst du? Du willst, daß sie fällt?
– Sie hat das Stehen satt, hast du gesagt.
Aber das ist doch verrückt, das kann Lisa ihr nicht wünschen. Muß er sich das vorstellen: eine Helen, die säuft? Es paßt nicht, nicht zu ihr. Hat Lisa je eine wie sie betrunken gesehen?
Sie wiegt den Kopf hin und her, daß ihr Haar ihn bald rechts, bald links auf den Wangen kitzelt. Sie hat doch geweint, aber sie ist weit davon entfernt, Trost zu brauchen. Eher schon scheint sie ihn für trostbedürftig zu halten, oder was bedeuten ihre sanften Augen, warum schaut sie ihn so an?
– Ich versteh dich nicht.
Sie lacht. Sie legt sich wieder neben ihn, auf den Rücken. Sie sagt: Und am nächsten Tag?

Stefan steht auf, weil er hungrig ist. Daß er seine Brille nicht finden kann, ist eine Irritation, über die er hinweggeht; man braucht keine Brille, man braucht fast nichts. Er stöbert unter seinen Vorräten eine Rolle Biskuits auf, macht sich, zum erstenmal seit langem, einen Kaffee, setzt sich an seinen Klapptisch, kaut, schluckt, wärmt sich die Hände an der heißen Tasse, ohne Entschluß, ohne Plan, der über das eine, Aktuelle hinausginge. Auch als er nachher den Besen holt, um die Scherben der Tür zusammenzukehren, ist es nur dieses eine, das ihn beschäftigt; er ist schwach, muß sich anstrengen, der kranke Arm tut ihm weh. Mit den lächerlichsten Verrenkungen versucht er sich aus seinem Pullover zu schälen, und als es ihm gelungen ist, lacht er tatsächlich, so mitgenommen von der Anstrengung, daß er sich hinsetzen muß. Er klappert mit den Zähnen, als er in die Küche geht, um sich über dem Ausguß, einhändig und ohne Brille, den Bart abzunehmen. Er macht sich Wasser warm, er wäscht sich, sogar das Haar, er braucht lange für alles, aber er läßt sich nicht ablenken, nicht von der Kälte und nicht vom Schmerz. Er tut, was zu tun ist, eins nach dem andern, tut es mit ganzer Kraft, weil die halbe nicht ausreicht, und wenn er nicht weiterkann, ruht er sich aus. Er sucht sich ein Hemd aus dem Koffer, gewaschen und gebügelt vor bald einem Jahr in einem Athener Hotel. Als er die Cashmere-Jacke vom Haken nimmt, entdeckt er, daß sie schimmlig ist; er muß sie eine Weile vor die Heizsonne halten, bevor er den Belag abbürsten kann. Zu fein ist sie so oder so mit ihrem Seidenfutter, genau wie die Stadtschuhe, die er nun anzieht, doch er hat keine Wahl. Er schaut an sich hinunter, betastet mit der gesunden Hand das rasierte Kinn, das Haar ist einigermaßen trocken, er riecht wieder wie ein Mensch. All das nimmt er wahr ohne Gedankenbegleitung, befriedigt im Augenblick, vom nächsten weiß er noch nichts. Er kommt trotzdem, natürlich, und Stefan ist noch da, er geht jetzt durchs Zimmer und öffnet die Jalousien. Er steht hinter der leeren Tür und blinzelt ins Licht, eine ganze Weile nur das, dann bezieht er sein Bett neu, mit zusammengebissenen Zähnen, und wenn auch nicht großartig ist, was er zustande bringt, so gerät er doch ins Schwitzen dabei. Dafür friert er wieder, als er mit dem Wäschebündel die Treppe hinuntergeht, der Regen hat aber aufgehört. Er klopft bei den Vermietern, brillenlos und ohne Wörterbuch; sie empfangen ihn wie sonst. Das Fenster, sagt er, bevor er hineingeht, und weil sie nicht begreifen, was er meint, winkt er den Mann auf die andere Gassenseite und zeigt es ihm. Sie sind freundlich wie immer, sie reden, er versteht nichts. Doch als er drinnensitzt bei ihnen, sagt er in eine Pause hinein: Ein Arzt, wo ist der Arzt. Er wiederholt es so oft, bis er begriffen hat: es gibt keinen, nur einmal in der Woche, am Donnerstag, kommt einer vom Nachbardorf. Aber einen eigenen Friedhof haben wir, sagt der Mann lachend, und Stefan, vielleicht aus Dankbarkeit, weil es ein so kurzer Satz ist, daß er ihn mühelos versteht, lacht mit. Er versteht dann noch, daß sie ihn in den Laden schicken, der sei auch die Apotheke, sagen sie, und so geht er zwei Häuser weiter, zur Krämerin. Zu erklären braucht er ihr nichts, sie weiß gleich Bescheid, als er ihr mit Beihilfe des gesunden den kranken Arm auf den Tisch legt, Rheumatismus, sagt sie, und sie sagt auch: der Winter; von dem, was sie sonst noch sagt, versteht Stefan nichts. Zuletzt bekommt er aber einen schwarzen Tiegel, ohne Etikett, dafür wieder mit einem Wort, das er kennt: Wärme, viel Wärme, sagt die Krämerin, die Wärme sei das Wichtigste, sie ruft es ihm noch nach. Als er in sein Zimmer zurückgeht, schließt der Vermieter sich ihm an wegen der zerbrochenen Tür. Die Promptheit ist ungewöhnlich, doch ist Stefan viel zu schwach, um sich zu wundern. Die ganze Zeit, während der Mann Maß nimmt für die neue Scheibe, sich Zahlen aufnotiert und dabei redet und lacht, sitzt er nur da. Auch als er wieder allein ist, rührt er sich nicht; gefühl- und gedankenlos sitzt er an seinem Klapptisch, will nichts, vermag nichts, hält sich immerhin aufrecht, kippt nicht vom Stuhl. Möglich, daß es die Sonne ist, die ihn auf die Füße bringt:

das Zimmer erhellt sich so plötzlich, als habe jemand einen Schalter gedreht. Der jähe Lichtwechsel schließt ihm die Augen, doch er öffnet sie wieder, duldet die stechende Helle, bis sie weniger sticht, und geht dann hinüber zum Bett. Nein, er legt sich nicht hin, er nimmt nur die Wolldecke fort und trägt sie auf den Balkon. Zwar ist es hier noch viel heller, fast unerträglich, aber eben nur fast; Stefan, nun wieder in Bewegung gesetzt, läßt sich nicht aufhalten: er kneift die Lider zusammen und tut, was er muß. Er hängt die Decke über den Wäschedraht, holt die Heizsonne heraus, beginnt damit die Decke zu trocknen, methodisch, Bahn für Bahn, bis es nicht mehr dampft. Es ist eine mühselige Arbeit, er kommt nur langsam voran, das Kabel reicht auch nicht weit, er muß die Decke herumschieben und wenden, er keucht. Er bringt es zuende, trotzdem, fühlt sich allerdings, als er die Heizsonne ins Zimmer zurückträgt, so elend, daß er die Decke draußen läßt und sich wieder auf seinen Stuhl setzt. Aber nun kommen sie mit dem Glas, der Vermieter bringt einen Nachbarn mit, der es ihm in den Rahmen hält, während er die Nägel einschlägt. Stefan flieht vor dem Lärm in die Küche, da erinnern ihn die Konservenstapel ans Essen, Mittag ist längst vorbei, und wie alles, was er bisher getan hat, weil es eben zu tun ist, tut er auch das. Er quält sich mit dem Öffnen einer Dose, Hackfleischklöße mit Kartoffeln vielleicht, die wärmt er sich auf und löffelt sie, da es in der Küche keinen Stuhl gibt, stehend aus der Pfanne, wahrscheinlich schmecken sie nicht besonders, doch als das Hämmern und Schwatzen aufhört und die Männer die Treppe hinuntergehen, ist die Pfanne leer. Jetzt holt er die Decke herein und schließt mit aller Sorgfalt die neuverglaste Tür. Er stellt die Heizsonne auf den Tisch, dreht den Stuhl so, daß der steife Arm der Wärme am nächsten ist, dann knöpft er sich aus Jacke und Hemd. Die Salbe der Krämerin riecht unangenehm, doch ist er entschlossen, sich nicht drum zu kümmern; kann sein, er faßt es insgeheim als Buße auf. Denn als er sich das stinkende Zeug einmassiert und

sich in die Decke gewickelt hat, als nichts mehr zu tun ist, als auf das Nachlassen des Schmerzes zu warten, ist es mit der Ausschließlichkeit der Gegenwart vorbei. Er kommt zurück auf seinen Absturz, zögernd zuerst und so leise, als fürchte er, die Verzweiflung vom Vortag zu wecken. Sie scheint aber verbraucht, und so traut er sich allmählich näher heran, wagt einen Blick, und dann noch einen, auf den Betrunkenen im Dreck. Endlich, weil er ja Zeit hat, viel Zeit, wie er da in seine Decke gehüllt bei der Heizsonne sitzt, holt er ihn herein und läßt ihn dableiben; er gefällt ihm nicht, ganz und gar nicht, doch will er ihn nun wenigstens anschauen, so gründlich und lang, bis er seinen Anblick erträgt.
Alle paar Stunden reibt er sich Arm und Schulter mit der Salbe ein. Er ißt, wenn es Zeit zum Essen ist, geht schlafen, wenn er glaubt, daß er schlafen kann. Dieses wenige, das er muß, tut er mit einer Unbeirrbarkeit, als gelte es Wiedergutmachung an einem andern, er kommt dabei schnell zu Kräften, kann auch den Arm bald wieder bewegen, nur noch nicht ohne Schmerz. Nach zehn Tagen etwa fühlt er sich soweit hergestellt, daß er die versäumten Regelmäßigkeiten nachholt: er fegt das Zimmer aus, spült das Geschirr, legt im Putzkessel die schmutzige Wäsche ein. Es ist ein kleiner Aufschub, den er sich gönnt, gleichzeitig vielleicht ein Anlauf, denn etwas ist noch offen, von dem er meint, daß es sein muß: der Weg ins Dorf. Er nimmt ihn am nächsten Morgen unter die Füße, nicht ohne Beklommenheit. Als er seine Tür öffnet, drückt wieder die Sonne durch, die Gasse ist trocken bis auf ein paar Tümpel, es hat nicht mehr heftig geregnet seit jener Nacht. Der Bäcker steht im Tor des Mehllagers, weiter unten in der Gasse stehen ein paar andere und schwatzen, Stefan sieht es schon von der Treppe aus. Er steigt trotzdem hinab, setzt einen Fuß vor den andern, geht die Gasse entlang und hindurch. Er hat keine Ahnung, wer zugegen war an dem Abend, in der Taverne oder danach, doch was hier *einer* weiß, wissen anderntags alle, und so spielt es keine Rolle, wem er begegnet: jeder weiß mehr von

dem Vorgefallenen als er. Er grüßt den Bäcker, grüßt zwei Frauen, die von der Krämerin kommen, grüßt weiter unten die Männer; alle grüßen zurück, und selbst seiner aufs äußerste geschärften Empfindlichkeit gelingt nicht, irgendeine Veränderung in ihrem Benehmen zu entdecken. Keiner, so hat es den Anschein, hat etwas gesehen oder gehört, nur der Tavernenwirt winkt ihn heran, um ihm seine Brille zu geben. Du hast sie vergessen, sagt er, doch ohne ein Zwinkern, ohne das geringste Zeichen, daß er sich erinnern kann. Nun hat er ja zwar gehofft, daß die Leute nicht für nötig halten, mit Fingern auf ihn zu zeigen; er hat es ihrer Gelassenheit zugetraut. Daß sie ihm aber begegnen, als sei er soeben erst angekommen in ihrem Dorf, ein Fremder ohne Geschichte, macht ihm jetzt doch zu schaffen. Selbst ihren Hohn, meint er, hätte er leichter ertragen als diese erinnerungslose Freundlichkeit. Er ist von sich selbst überrascht, weil er zum erstenmal einen Mangel empfindet. Hat er sich Interesse von ihnen erwartet, und mit welchem Recht?
Als er seinen Rundgang beendet hat, setzt er sich wieder zur Heizsonne und pflegt seinen Arm. Er erfindet Bewegungsabläufe für ihn, die er täglich ausbaut; es ist das, was er tun kann für sich.

– Und warum ist er nicht nachhause gefahren?
Das kann man sich fragen, natürlich, Lisa hat recht. Doch wie soll er es wissen? Er weiß nicht alles, bei weitem nicht.
– Helen fragt nichts mehr, sie hört nur zu.
– Aber *ich* frage.
Lisa hat sich herumgedreht, ihr Gesicht ist von den Haaren halb verdeckt. Er sieht nur das eine Auge, das sich verengt, als er hinschaut. Vielleicht lacht sie, weil ihm nicht gleich etwas einfällt. Aber so viele mögliche Antworten gibt es ja nicht.
– Sein Urlaub ist noch nicht um.
– Sturheit?
Ihr Auge vergrößert sich, und schon läßt sie sich zurückfal-

len, schaut wieder zur Decke hinauf. Zufrieden? Offensichtlich nicht.

– Worauf wartet er? Was verspricht er sich noch?

– Nichts. Er nimmt, was ihm zufällt, sagt Helen, er hält einfach die Hände auf.

– Und hat keine Angst, daß sie leer bleiben?

– Sie bleiben nicht.

Es wird langsam wärmer, bereits ist es März. Einmal nach dem Frühstück, als Stefan seine Übungen macht, merkt er: der Rheumatismus ist fort. Nicht der kleinste Schmerz ist geblieben, beim Rasieren wird er geradezu fröhlich, hat er sich je so mühelos rasiert? Er geht auf den Balkon hinaus, der liegt noch im Schatten wie die Gasse auch, erst die Dächer haben Sonne. Aber die Luft, nach dem ersten Gewitter am Tag zuvor, ist durch und durch blank, das Stück Meer, das er zwischen den Dächern sieht, hat die Farbe von Azulejos, und vielleicht ist es diese Erinnerung an Entferntestes, die den Ausschlag gibt: er hat das Herumsitzen satt. Noch während er sich die Schuhe schnürt, ist er schon draußen, es ist Wochen her, seit er zuletzt in den Hügeln war, höchste Zeit, denkt er, oder denkt es nicht, aber weiß es, und so geht er denn, in dieser Luft geht es sich leicht.

Oberhalb des Dorfs, in einer Wegkurve, wo er wie immer stehenbleibt, um auf die Häuser, den Hafen, das Meer hinunterzusehen, sieht er den Dorftrottel hinter sich und wundert sich nicht, daß auch der, pflichtenlos wie er selbst, sich von einem Tag wie diesem hinaustreiben läßt. Beim nächsten Zurücksehen wundert er sich dann doch, denn nun kommt ihm vor, daß der andere ihm nachrennt, daß er mit dem Fuchteln seiner Arme etwas meint. Er wartet, geht ihm sogar, weil er gänzlich außer Atem scheint, ein paar Schritte entgegen, und nun stehen sie sich gegenüber: der eine, als das Ziel von soviel Anstrengung, ein wenig befremdet; der andere schwitzend, mit schlenkernden Armen, den Kopf auf dem dünnen Hals vorgestreckt, als komme er so an die Luft,

nach der er keucht, näher heran. Dabei lacht er die ganze Zeit, und als sein Atem sich beruhigt hat, kommen auch Wörter hinzu, nur braucht man sie nicht zu kennen, denn eigentlich redet er mit dem Gesicht, mit Händen und Füßen, mit seinem ganzen, zu nichts sonst geschickten Körper, und er wird gleich so genau, daß es Stefan bestürzt.
Er geht mit seinem tappenden Gang, bei dem immer zu befürchten steht, daß ihm die Beine durcheinandergeraten, wieder Richtung Dorf, er will Stefan etwas zeigen, es ist eindeutig, doch als dieser ihm folgen will, winkt er heftig ab. Er postiert sich mitten auf dem Weg, in seinem Gesicht arbeitet und lärmt es, das Schlenkern seiner Arme verstärkt sich, er rudert, fuchtelt herum, immer mit diesem heiseren, mit Wörtern versetzten Lachen, und unvermittelt, aus dem Stand heraus, läßt er sich auf den Weg fallen, so hart, daß Stefan um seine Knochen bangt. Er rappelt sich aber hoch, sein Gesicht kommt keinen Augenblick zur Ruhe, und diesmal stellt er sich mit gespreizten Beinen auf, verschiebt dann das Gewicht von einem Fuß auf den andern, wiegt sich und wankt immer wilder, bevor er die Hände in die Luft schleudert und wieder fällt.
Stefan sieht es sich an, bestürzt zuerst, wie gesagt; auf diese Vorführung war er nicht gefaßt. Was ihm vorgeführt wird, ist klar, doch ebenso klar ist, daß dieser begeisterte Akteur vom Schmählichen der Szene nichts weiß. Was er weiß und gesehen hat, ist ein neues Spiel: der Fremde hat es gespielt, er hat es ihm abgeschaut, und nun ist er da und spielt es für ihn. Er bringt sich auf die Füße, er läßt sich fallen, er lacht, als seien seine Glieder gegen die Aufschläge unempfindlich, und Stefan, für den das ja alles gedacht ist, lacht schließlich mit. Kalá, sagt er, polý kalá, und geht hin zu ihm, um das Spiel zu beenden; nur will er nicht aufhören, der andere, oder kann nicht, er weicht vor Stefan zurück und macht weiter, er muß schon gänzlich zerschlagen sein. Erst nach dem fünften oder sechsten Sturz bleibt er unten, stumm geworden, das Lachen nur noch Gekeuch, doch der begeisterte

Aufruhr in seinem Gesicht unbeschwichtigt: Siehst du, ich kann es auch.
Stefan nimmt die Hand, die er ihm hinstreckt. Er will ihm aufhelfen, gibt aber sofort dem Gegenzug nach und setzt sich selbst auf den Weg. Da sitzen sie nun zusammen in der Frühlingssonne, stumm vielleicht, oder sie singen und lachen. Möglich, daß sie später die Feuchte des Bodens spüren, oder sie stehen einfach auf, weil es genug ist; sie können ja nicht bis zum Abend so sitzen bleiben. Sie reiben sich gegenseitig den Schmutz von den Hosen, ein Spiel, noch eins, das sie lachen macht und sich hinzieht, denn Stefan denkt an die blauen Flecken des andern, geht behutsam zu Werk, und der versucht seine schlenkernden Arme in Zucht zu nehmen und es ihm ebenso recht zu machen. Sie umrunden sich, immer aufs neue, bis nichts mehr zu säubern bleibt, und jetzt bleibt auch das Lachen fort. Ich bin Kóstas, sagt der andere, sagt es mehrmals und tritt von Stefan zurück, wie um sich zu zeigen: eine Person mit Namen, Kóstas von Kopf bis Fuß. Sein Gesicht ist noch zerwühlter, zerrissener als sonst, und was immer es aus den Fugen bringt: es muß etwas sein, das wehtut; Stefan, dem es gezeigt wird, mit allem andern gezeigt, hat Mühe, nicht wegzuschauen. Aber er sagt seinen Namen, er auch, sagt ihn in dieses Gesicht, zum erstenmal seit bald einem Jahr, und auf griechisch, sie stehen und schauen sich an. Am Ende ist es Kóstas, der die Augen fortnimmt und auch gleich wegläuft, so rasch, wie es mit seinen widersetzlichen Beinen möglich ist. Als er langsamer wird, ist er schon weit weg; er dreht sich nicht mehr nach Stefan um. Erst auf dem letzten Wegstück vor dem Dorf, nach einer Senke, in der er Stefans Blick entzogen gewesen ist, bleibt er stehen und schaut herauf. Stefan winkt, ist aber nicht sicher, ob er von Kóstas bemerkt wird, denn der winkt nicht zurück, und wenn Stefan meint, daß er sich wieder zu wiegen beginnt, wird es wohl eine Täuschung sein, das Hinfallen zumindest bleibt aus. Dafür rennt er plötzlich davon, rennt hinein ins Dorf, verschwindet zwi-

schen den Häusern, und so geht nun auch Stefan, weiter in die Hügel und in den Tag.

Lisa holt Luft, wofür? Stille. Langsam atmet sie aus, und jetzt rückt sie ein wenig näher.

– Und du bist sicher: Helen fragt nichts?

– Als Stefan schweigt, traut sie sich endlich, ihn wieder anzusehen. Und er, als wolle er sagen: Mehr war es nicht, hebt die Schultern, läßt sie ergeben wieder fallen.

– Also Schluß?

Daß Stefan am Abend mitgeht in ihre Wohnung, hat er ja schon erzählt. Soll er Lisa daran erinnern? Lieber nicht, sonst regt sie sich nochmals auf. Sie atmet sehr leise jetzt. Ob sie auf dem Rücken einschlafen kann? Er nicht. Der Wecker auf dem Schrank zeigt halb fünf, aber der geht vor. Die ganze Zeit hat er sich nicht schneuzen müssen, und kaum hält er den Mund, fängt es wieder an.

Lisa schläft nicht, sie hat nur die Augen geschlossen. Ist sie enttäuscht und will nicht, daß er es merkt? Vielleicht denkt sie den Fragen nach, die Helen hätte stellen sollen. Lisa hätte gefragt, bestimmt, sie hätte nicht zugelassen, daß Stefan so sang- und klanglos aus dem Bild marschiert.

– Später fragt sie, ein paar Tage oder Wochen später. Möglich, daß sie im Dunkeln liegen, oder es gibt sonst einen Grund, daß sie seinem Nahesein traut. Wie er jenen Tag bestanden habe, fragt sie, nach so viel Winter. Oder habe er an den Winter schon nicht mehr gedacht?

Nicht die richtige Fragestellung, scheint es, nicht im Sinn von Lisa. Sie rührt sich nicht, ihre Augen bleiben zu. Aber da nun einmal gefragt ist –

– Er sei nur gegangen, sagt er, bis zum Abend gegangen; heute könne er vielleicht sagen: auf sich zu. Damals habe er kein Wort dafür gesucht, er habe nichts gedacht als sein Gehen, habe dem, was gegangen sei in ihm, zugehört. Er habe ihn nie mehr verloren, jenen fünften März, und wenn auch natürlich nicht alles, was er mitgebracht habe von dort, ihm an jenem einzigen Tag geschehen sei, so habe doch jener Gang durch die Hügel es in ihm festgemacht. Keine Erleuchtung, sagt er, kein Blitzschlag, nichts von heftiger Plötzlichkeit; nur einfach Tag. Ein heller, blauer, unverstellter Tag, der durch ihn hindurchgegangen sei wie er durch ihn.

– Ich weiß nicht –

– Stefan hat es anders gesagt, versteht sich. Oder möglicherweise *nicht* gesagt. Aber könnte es nicht so gewesen sein? So ähnlich? Und er hätte die Geschichte deshalb erzählt?

Jetzt setzt Lisa sich auf. Hat sie wirklich die Achseln gezuckt? Er hat sich verstiegen, klar, und nun hängt er; geschieht ihm ganz recht. Die Lampe auf dem Boden zeichnet ein unscharfes Muster an die Decke. Was für ein Schummerlicht, wie in einer Bar. Nur die Musik fehlt. Getanzt hat er mit Lisa noch nie.

– Ich bin hungrig, du nicht?

Und bereits ist sie über ihn drüber und aus dem Bett. Sie packt ihre Tasche aus: Salami, schwarze Brötchen, ein Glas Essiggurken, sogar Senf, legt alles auf der Stuhlfläche aus, zwei Coca-Cola-Dosen zuletzt, und nun rückt sie den Stuhl zum Bett. Seine Verblüffung bringt sie zum Lachen, und schon beißt sie mit diesen Lachzähnen in ein Brötchen, reißt sich ein Stück davon heraus, blättert mit zwei Fingern eine Wurstscheibe vom Papier und kann, während sie kaut, nur noch mit den Augen lachen.

– Du bist ein Phänomen.

Sie hat den Mund voll, sie kann nicht antworten, warum sollte sie. Sich selbst ist sie nicht unbegreiflich, was hätte sie also zu sagen. Sie begnügt sich damit, ihm vorzuessen, und nun knurrt sein Magen; kein Mensch könnte ihr zusehen, ohne sofort hungrig zu sein.

Die Salami ist scharf, und weil er sich nicht zutraut, wie Lisa aus der Dose zu trinken, holt er das Zahnputzglas. Inzwischen zerrt sie die Wolldecke heraus, er setzt sich neben sie auf den Bettrand, sie breiten sich die Decke über die Knie. Lisa lacht und fischt eine Gurke aus dem Glas, dann eine für ihn, sie beißt ab, beißt in ihr Brötchen, und er tut es auch. Sie kauen sich zu, sozusagen, verrückt natürlich, auch wie Lisa die Fettfinger am Brötchen abwischt, darauf wäre er nie gekommen. Ganz so appetitlich sieht es nicht aus wie bei ihr, wenn er's nachmacht, aber was soll's. Lisas Augen sind nur noch schmale Schlitze vor Lachen, sie ist ein unglaubliches Mädchen, wirklich, wie hält sie es nur aus mit einem wie ihm.

Sie denkt nicht ans Weggehen, im entferntesten nicht. Sie nimmt sich ein neues Brötchen, schlägt die Zähne hinein, tupft Senf auf die Wurstscheibe, bevor sie sie einrollt und zwischen die Lippen steckt, legt den Kopf zurück und kippt sich das Cola in den Mund, ohne einen Tropfen zu verschütten, und bei allem hat das Lachen in ihren Augenschlitzen kaum noch Platz. Sie zerspringt fast am Spaß, den sie hat und ihm macht, denn das muß sie ja sehen, daß er sie wunderbar findet, sich von ihr hin- und mitreißen läßt. Nur daß sie jetzt plötzlich zu kauen vergißt.

– Dieser Kóstas –

Sie schluckt ihren Bissen hinunter, die Augen sind keine Schlitze mehr.

– Du hast ihn erfunden.

– Vielleicht hat er Giórgos geheißen. Oder Nikós.

– Er war Stefans Freund?

– Dort auf dem Hügel.

– Und dann vergessen?

– Dann gestorben.

Sie wirft den Rest ihres Brötchens auf den Stuhl und schießt auf.

– Nein. Nein, du hast kein Recht –

Sie dreht sich weg, geht hinüber zum Waschbecken und wäscht sich die Hände. Sie kämmt sich mit den Fingern, und als sie am Tisch lehnt, schaut sie auf ihre schwarzen Strumpfhosenbeine hinab.

– Er hat sich überfreut, nicht?
– Er ist noch durchs ganze Dorf gerannt. Ein Fischer hat ihn in seinem Boot gefunden, anderntags.
Lisas Lippen zucken. Will sie über jeden weinen, der stirbt? Jemand stirbt doch immer, dort genauso wie hier.
Sie schüttelt die Haare aus dem Gesicht. Nein, sie weint nicht.
– Hat Stefan ihm wenigstens Blumen aufs Grab gelegt?
– Er hat erst bei seiner Abreise davon gehört. Im Bus, von einem jungen Amerikaner. Da war Kóstas schon drei Wochen tot.
– Und all die Zeit hat er ihn nicht vermißt?
– Es war Frühling. Er war mehr in den Hügeln als im Dorf.
Sie angelt sich ihren Brotrest und beißt darauf herum. Er schraubt das Gurkenglas zu, schlägt die übergebliebene Salami ins Papier, schüttelt die Decke aus, wischt die Brösel vom Stuhl. In der Heizung knackt es, die wird also wach. Er macht das Deckenlicht an, Lisa blinzelt. Als er den Schrank öffnet, steht sie neben ihm.
– Du hast ihn wirklich?
Sie streicht über den Mantelärmel, tut überrascht, schaut sich erst den Mantel an und dann ihn.
– Ich habe ihn mir geholt.
Kein Anfall von Mut, nur der Winter. Er ist so durchfroren in die Stadt gekommen von der EMPA, daß er gedacht hat, die Kälte reiche auch für Vater noch. Sie hat nicht gereicht, leider; kaum ist er in der Diele gestanden, hat er schon geschwitzt. Dabei ist Vater tatsächlich müde gewesen, zum erstenmal hat er ihn müde gesehen. Und er war schuld: an seiner Müdigkeit und an Mutters Tränen und am ganzen heillosen Durcheinander ihrer sonst so ordentlichen Gefühle. Er hat stillgehalten, klar, hat alles über sich ergehen lassen wie immer, oder fast wie immer; er war nicht mehr nur Verlierer, deshalb vielleicht weniger im Recht.
– War es schlimm?

– Ziemlich.
Sie steckt das Verlängerungskabel für ihn ein, hinterm Bett, und bleibt auf dem Bauch liegen, während er sich rasiert. So arg wie gestern sieht er heute nicht aus. Die rote Nase halt, aber für die kann er nichts. Ob Lisa sich bei ihm angesteckt hat? Sie würde sich krank melden, vermutlich, und es genießen.
– Wann mußt du in deinem Laden sein?
– Nächsten Montag.
– Wieso?
– Ich hab mir einen andern gesucht, da laß ich immer ein paar Tage aus.
Warum erschreckt ihn das? Lisa tut, was sie will, er sollte es allmählich wissen. Sie kommt und geht, man weiß nie weshalb.
– Etienne?
Sie hat sich wieder auf den Bettrand gesetzt, sie klemmt sich die Hände zwischen die schwarzen Knie. Hat sie seinen Schreck bemerkt, oder was kommt jetzt?
– Wen magst du lieber, Helen oder Stefan?
– Dich.
Sie lacht. Weil du mit der Geschichte zuende bist, sagt sie.

Ich danke der Stiftung Pro Helvetia, die meine Arbeit an diesem Buch durch einen Werkauftrag gefördert hat. Ebenso danke ich der Steinberg-Stiftung für das zweijährige Gastrecht in ihrem Haus.

M. B.

Margrit Baurs Bücher
im Suhrkamp Verlag:

Überleben. Eine unsystematische Ermittlung gegen die Not aller Tage. 1981
suhrkamp taschenbuch 1098 . 1985. 179 Seiten

Ausfallzeit. Eine Erzählung. 1983.
160 Seiten